鄂尔多斯盆地平凉期沉积构造演化及页岩气勘探潜力

邓 昆 白 斌 周 文 周立发 等 著

科学出版社
北 京

内 容 简 介

本书系统阐述鄂尔多斯盆地奥陶纪平凉期沉积构造演化史，分析了平凉期页岩气富集地质条件，包括页岩的岩矿特征、发育规模、埋深、地球化学指标、笔石类型、微-纳米孔隙类型及页岩储层及含气性影响因素，与南方下志留统龙马溪组页岩气差异性开展讨论，介绍平凉期页岩气勘探潜力。本书的出版可推动鄂尔多斯盆地海相页岩气的综合研究，对其勘探前景有更深入和全面的认识。

本书适合从事油气勘探、盆地分析、非常规油气研究的科研人员以及石油、地质院校相关专业的师生阅读参考。

图书在版编目(CIP)数据

鄂尔多斯盆地平凉期沉积构造演化及页岩气勘探潜力 / 邓昆等著.
—北京：科学出版社，2016.8
ISBN 978-7-03-049575-4

Ⅰ.①鄂… Ⅱ.①邓… Ⅲ.①鄂尔多斯盆地-沉积构造-构造演化-研究 ②鄂尔多斯盆地-油页岩-油气勘探-研究 Ⅳ.①P548.2②P618.12

中国版本图书馆 CIP 数据核字（2016）第 190924 号

责任编辑：杨 岭 黄 桥 / 责任校对：韩雨舟
责任印制：余少力 / 封面设计：墨创文化

*科学出版社*出版
北京东黄城根北街16号
邮政编码：100717
http://www.sciencep.com

成都锦瑞印刷有限责任公司印刷
科学出版社发行　各地新华书店经销

*

2016 年 8 月第 一 版　开本：787×1092 1/16
2016 年 8 月第一次印刷　印张：6.5
字数：180 千字
定价：59.00 元

前　　言

　　页岩气作为一种工业性的天然气资源已经在美国的勘探开发中获得了巨大成功,自1821年页岩气(天然气)的发现,拉开了美国天然气工业发展的序幕,页岩气的勘探开发沿"U"形断裂带由东部向西部逐步发展,经过了近200年的研究和探索,到2012年美国页岩气产量达到$2653\times10^8\mathrm{m}^3$。我国在充分吸收了国外页岩气勘探开发经验的基础上,已开展了全国性的页岩气资源摸底和评价工作,相应的油气公司、地方政府等也相继在所属区域内投入了工作量开展研究。我国页岩气储量资源丰富,但是与"美式"页岩气的成功商业开发相比,在勘探、开发及利用上有一定差异。2011年12月国务院批准页岩气为已发现的第172种独立矿种,国土资源部也按独立矿种制定投资政策,进行页岩气资源管理,以期积极高效推进页岩气资源的勘探开发及利用。综合近些年的研究来看,我国页岩气赋存的地质条件、页岩气赋存状态等与美国存在较大差异,尤其是我国页岩气类型多样,涵盖了海相、海陆过渡相、陆相页岩气。国外的页岩气勘探开发进展比较领先的是北美地区(美国和加拿大)。这些成功开发的页岩气均发现于中-古生界(D-K)地层中,沉积环境以海相或海陆过渡相为主。国外学者对海相页岩气储层的特征有了比较深入的认识,掌握了海相页岩气储层的发育规律。中国的页岩气海相领域在四川盆地等都有了重大进展,重庆涪陵焦石坝页岩气田是中国第一个商业开发大型页岩气田,2014年,焦石坝页岩气藏新增探明储量$1067\times10^8\mathrm{m}^3$。2015年,在四川威远-长宁地区宁201井区、威202井区$139.4\mathrm{km}^2$的含气范围内,提交了五峰组-龙马溪组页岩气藏新增探明储量$1108.15\times10^8\mathrm{m}^3$。整体而言,国内页岩气勘探开发尚处于起步阶段,但是在页岩气基本特征、富集机理及勘探技术方面取得了丰富成果。

　　美国沃斯堡盆地巴尼特页岩主要形成于深水斜坡-盆地环境,中国南方上奥陶统五峰组-下志留统龙马溪组、下寒武统牛蹄塘组页岩属深水陆棚沉积,沉积规律与其极具相似性,而鄂尔多斯盆地中奥陶统平凉组笔石页岩沉积规律也与上述地层有一定相似性,是中国仅有的几个有机质丰度较高,成熟度较低的海相泥页岩之一,为页岩气勘探潜力层系。但是,针对中奥陶统平凉组页岩气聚集条件等研究程度相对不够深入,进而影响鄂尔多斯盆地海相页岩气勘探工作。因此,有针对性开展鄂尔多斯盆地下古生界平凉组页岩气的基础地质理论研究具有重要的意义。

　　本书研究思路以非常规页岩气地质参数理论为基础,以野外调查、钻井资料、测试分析及地球物理等作为手段,开展"鄂尔多斯盆地平凉期沉积构造演化及页岩气勘探潜力"研究。

　　本书主要包括以下8个方面的内容和认识。

　　(1)中奥陶世平凉期构造格局为盆地主体抬升为陆,盆地的西缘和南缘地区为平凉期沉积区,南缘地区中晚奥陶世位于弧后位置,其盆地为弧后盆地。平凉期在不同的区域其相带有一定变化，天深 1 井到定探 1 井之间主要发育开阔海台地沉积，岩性以碳酸盐岩为主；而向西自乌海-任 3 井-马家滩-环 14 井-平凉-陇县一带，为台地前缘碎屑岩斜坡沉积；向西进入深水盆地相沉积；南缘平凉期主要为开阔海台地、台地前缘碳酸盐岩斜坡、台地边缘生物礁沉积。

(2)中奥陶世平凉期含气页岩层系主要分布于盆地西缘和西南缘的台地前缘碎屑岩斜坡相带和深水陆棚相带，发育规模自东向西逐渐变厚，埋深西缘中段较大，向南北逐渐变浅，部分区域出露地表；平凉组下段(乌拉力克组)优于平凉组上段(拉什仲组)，可分为两类岩性组合：石英+方解石+伊利石组合；石英+方解石+伊利石+绿泥石组合。

(3)对鄂尔多斯盆地平凉组页岩中笔石种类及数量进行了研究，平凉期笔石主要聚集式保存在乌拉力克组(下平凉组)黑色页岩中，乌拉力克组(下平凉组)属笔石相沉积(所含化石几乎全为笔石)，拉什仲组(上平凉组)属混合相沉积(所含化石包括笔石和三叶虫、腕足和介形虫等共生)。乌拉力克组(下平凉组)属 *Glyptograptus teretiusculus* 组合(雕笔石)，拉什仲组(上平凉组)属 *Nemagraptus gracilis* 组合(丝笔石)。另外，随着笔石数量的增加，平凉组页岩有机碳(TOC)有增加的趋势。

(4)有机质类型主要为Ⅰ型，个别为Ⅱ$_1$型和Ⅱ$_2$型。TOC 含量平面分布表现为北高南低的特征，主要为 0.2%～1.4%，热演化程度多在高-过成熟阶段，R_o 主要为 0.9%～2.1%。

(5)对平凉组页岩微-纳米孔隙类型进行了分析，有胞外聚合物(extracellular polymeric substances，EPS)纳米孔隙、生物笔石体腔孔隙、黏土矿物粒间孔隙、粒内孔隙、矿物晶体间孔隙、溶蚀孔(粒间溶蚀微孔和粒内溶蚀微孔)、微裂缝等。

(6)对平凉组页岩储层及含气性影响因素进行了探讨，无水乙醇孔隙度测定表明其受岩矿组分控制，石英含量低、方解石和黏土矿物含量高的粉砂质含笔石页岩孔隙度明显要大。根据液氮吸附曲线，平凉组笔石页岩微孔结构可以分为两类，即Ⅰ类和Ⅱ类。比表面积受无机矿物的类型影响较大，样品比表面积大，其黏土矿物(主要为伊利石和绿泥石)含量高，方解石相对含量高，石英含量相对低。TOC 大于 1%，比表面积与 TOC 正相关，而 TOC 小于 1%，比表面积与 TOC 的关系较为复杂。比表面积小于 20m^2/g，与 R_o 呈正相关，比表面积大于 20m^2/g，与 R_o 呈负相关，其原因主要跟岩性及无机矿物相关。老石旦 2 组样品甲烷等温吸附试验，理论吸附气量为 0.65m^3/t、1.56m^3/t，反映平凉组页岩具有良好的吸附能力，与 S_{BET}、TOC 和 R_o 正相关。

(7)对平凉组页岩主量、微量及稀土元素进行了分析，平凉组笔石页岩稀土总量中等-较高，配分模式具有相似性，推测其来自于相同物源，石板沟含钙质粉砂质含笔石页岩 Fe 含量和 ΣREE 明显高于老石旦、太统山黑色笔石页岩，REE 的分异程度石板沟样品略低于老石旦、太统山 2 个分区；通常有机质是 REE 最强的吸附剂之一，而三个分区样品显示 ΣREE、Fe、Al 及 Ti 与 TOC 具负相关，说明 ΣREE 丰度较高可能不是受有机质富集影响，而是与 REE 赋存矿物有关。

(8)对鄂尔多斯盆地中奥陶统平凉期笔石页岩与南方上奥陶统五峰组-下志留统龙马溪组笔石页岩气富集条件差异性开展讨论，页岩储层发育特征、有机地化参数、保存条件及含气性表明龙马溪组笔石页岩优于平凉组笔石页岩。代表硫同位素特征的硫酸根还原菌的黄铁矿在五峰组+龙马溪组页岩中普遍发育，发育程度远超过平凉组，表明五峰组+龙马溪组还原环境强于平凉组，因此，页岩气含气性成因与TOC发育、热演化及其甲烷菌有关。

在本书研究和撰写过程中，得到了成都理工大学周文、邓虎成、谢润成和陈文玲老师，西北大学周立发老师，中国石油天然气股份有限公司勘探开发研究院白斌、江青春等的大力支持和帮助，在此，对他们表示衷心的感谢。

本书得到"鄂尔多斯西南缘山西组稀土异常事件沉积及成因"（国家自然科学基金项目，批准号：41272129）的资助，另外，以下研究工作为本书成果提供了支撑："页岩气优质储层成因与形成条件研究"［中国石油集团科学技术研究院国家科技重大专项(2011—2015)］、"鄂尔多斯盆地及外围页岩气资源潜力调查评价和选区"［国土资源部油气资源战略研究中心项目(2011—2013)］、"页岩气钻完井及储层评价与产能预测技术研究"专题二——"页岩气储层特征及评价技术研究"［国家高技术研究发展计划(863计划)(2013—2016)］，以及"中上扬子重点区海相油气保存条件及资源潜力研究"［中国地质调查局项目(2011—2015)］等。

鉴于作者的学识和能力有限，本书疏漏与不足之处在所难免，恳请读者批评指正。

作者

2016年5月

目 录

第1章 绪论 ··· 1
  1.1 研究现状及存在问题 ··· 1
    1.1.1 研究现状 ·· 1
    1.1.2 存在的主要问题 ·· 2
  1.2 研究思路、技术路线及工作量 ··· 3
  1.3 主要工作量 ·· 4
    1.3.1 资料调研及文献整理 ·· 4
    1.3.2 野外地质调查、地球物理勘查 ·· 4
    1.3.3 分析测试 ·· 5

第2章 区域地质背景 ··· 6
  2.1 中新生代区域大地构造单元划分及其特征 ··· 6
    2.1.1 构造单元的划分原则 ·· 6
    2.1.2 中新生代区域大地构造单元划分 ··· 7
  2.2 区域构造背景 ·· 8
    2.2.1 构造单元划分 ·· 10
    2.2.2 鄂尔多斯航磁异常及其反映的构造格局 ··· 12
  2.3 平凉组地层特征 ··· 13
    2.3.1 下古生界平凉组地层划分与对比 ··· 13
    2.3.2 惠探1井平凉组地层 ··· 15

第3章 平凉期沉积构造演化 ·· 19
  3.1 鄂尔多斯盆地平凉期构造演化 ··· 19
    3.1.1 平凉组发育的凝灰岩及其构造意义 ··· 19
    3.1.2 平凉组地层厚度及其反映的古构造格局 ··· 20
    3.1.3 平凉组地球化学特征及其构造背景指示 ··· 21
  3.2 鄂尔多斯盆地平凉期沉积演化 ··· 24
    3.2.1 平凉期笔石化石分析 ··· 24
    3.2.2 平凉组沉积相标志 ·· 28
    3.2.3 惠探1井单井平凉组沉积相分析 ··· 32
    3.2.4 平凉组岩相古地理 ·· 37

第4章 平凉期页岩气富集地质条件 ··· 40
  4.1 平凉组页岩野外剖面调查 ··· 40
    4.1.1 乌海老石旦剖面 ··· 40

4.1.2	平凉太统山(银峒山庄)剖面	40
4.1.3	环县南湫乡石板沟剖面	42
4.1.4	阿拉善左旗胡基台剖面	44
4.1.5	宁夏小罗山剖面	44
4.1.6	耀县桃曲坡剖面	45

4.2 下古生界平凉组单井剖面 … 45
4.3 平凉组剖面对比 … 49
4.4 平凉组含气页岩层系分布 … 52
  4.4.1 平凉组含气页岩平面分布 … 52
  4.4.2 平凉组含气页岩埋深 … 55

第5章 平凉期页岩有机地化特征 … 57
5.1 平凉组含气页岩有机质类型 … 57
5.2 平凉组含气页岩有机质丰度 … 57
5.3 平凉组含气页岩有机质成熟度 … 65
5.4 平凉组生气(油)史及生气(油)条件 … 65

第6章 平凉期含气页岩储层特征 … 68
6.1 平凉组页岩储层岩矿特征 … 68
6.2 平凉期页岩微－纳米孔隙类型 … 72
  6.2.1 实验仪器与方法 … 72
  6.2.2 微－纳米孔隙类型 … 72
6.3 平凉期页岩微储层影响因素分析 … 76
  6.3.1 实验仪器与方法 … 76
  6.3.2 笔石页岩孔隙度及比表面积 … 76
  6.3.3 笔石页岩元素组成及与有机地球化学参数相关性 … 79
6.4 笔石页岩含气性与 S_{BET}、TOC 和 R_o 的关系 … 80

第7章 平凉期页岩与五峰－龙马溪组页岩气差异讨论 … 82
7.1 龙马溪组页岩储层划分 … 82
7.2 有机地球化学差异 … 83
7.3 含气性差异 … 85
7.4 页岩气保存条件 … 86

第8章 平凉期页岩气有利区优选 … 88
8.1 有利区优选参数确定的具体方法 … 88
  8.1.1 页岩油选区标准 … 88
  8.1.2 页岩气选区标准 … 88
8.2 平凉组有利区优选结果 … 89

参考文献 … 91

第 1 章 绪 论

1.1 研究现状及存在问题

1.1.1 研究现状

2011年公布的调查数据显示，我国页岩气资源居世界首位，可采资源潜力为25万亿立方米（不含青藏区）。国家发展和改革委员会、国土资源部、财政部、国家能源局于2012年3月16日共同发布了《页岩气发展规划（2011—2015年）》，规划提出："十二五"期间，基本完成全国页岩气资源潜力调查与评价，探明页岩气地质储量6000亿立方米，可采储量2000亿立方米，并为此制定的目标是到2020年使得页岩气年产量达到600亿立方米到800亿立方米。而我国页岩气地质条件复杂，资源类型多、分布相对集中，经过两轮工作，国内页岩气井总数达到400口（2014年新钻200口新页岩气井），但仅有24口页岩气井获得工业气流，由此可以看出页岩气的勘探开发难度比预期的困难要大，为此国家将计划调整为计划到2020年将页岩气年产量提升至300亿立方米（2015年页岩气产量为44.71亿立方米），使其占整个天然气产量的比例在未来五年内从1%升至15%。

目前我国专门针对鄂尔多斯盆地下古生界页岩气勘探的工作还未开展，主要还是围绕常规油气烃源岩的研究有所涉及。2005年全国第三次油气资源评价时在对全盆下古烃源岩汇总整理过程中对下古奥陶系平凉组深色泥页岩层段从烃源岩的角度做了初步研究，认为下古富有机质页岩主要发育于中奥陶统平凉组深色泥页岩段；该套富有机质页岩是中国仅有的几个有机质丰度较高，成熟度相对较低的海相泥页岩之一；长庆油田、陈洪德、田景春等又在各自研究中陆续针对该套富有机质页岩编制了岩相古地理、泥页岩厚度分布等图件。

鄂尔多斯盆地西南缘分布着厚度巨大的中奥陶世平凉期沉积地层，发育的笔石页岩为中国北方海相页岩气勘探开发的主要层系（王传刚等，2009；倪春华等，2010；刘宝宪等，2008；王社教等，2011；邓昆等，2013；刘全有等，2012），近年来相关的研究工作较少，而四川盆地及周缘地区下寒武统牛蹄塘组页岩、下志留统龙马溪组页岩气方面已取得突破性进展（陈文玲等，2013；聂海宽等，2012；张金川等，2008；岳来群等，2013；马文辛等，2012；孙玮等，2012）。通过多年对中奥陶世平凉组的研究与认识，对平凉组页岩气富集地质条件，包括页岩岩矿特征、发育规模、埋深、地球化学指标和含气量等参数进行了初步分析，以期推进鄂尔多斯盆地下古生界海相页岩气的勘探与地质研究持续深入。

美国地质调查局（USGS）于2009年提出海相页岩气选区的参考指标，如富有机质的页岩厚度大于15m、有机碳（TOC）含量大于4%、有机质成熟度（R_o）大于1.1%、孔隙度大于4%、含水饱和度低、伴有微裂缝等，国土资源部2012年根据中国海相页岩气特征制定了选区评价标准。

页岩气气藏在构造特征、储集空间类型、储集层物性、富集机理等方面与常规气藏有较大差异。国外各大石油公司在页岩气选区评价中所采用的关键参数大致有两类，即地质条件类参数和工程技术条件类参数，前者控制页岩气的生成与富集，包括含气页岩面积、厚度、有机质丰度、类型、成熟度、脆性矿物含量及油气显示等；由于页岩气资源地区不同、层位不同、深度不同、岩性组合页岩气资源评价的指标及标准均可以不同，这是影响我国目前页岩气资源选区的关键所在。如何利用三维地震、地球物理测井及野外露头资料，结合实验室参数，就页岩气埋深、厚度、空间分布、有机质丰度、类型、成熟度、脆性矿物含量等参数标准进行科学、合理评价，开展各类参数及样品的分析、统计、综合研究，用于更好地勘探和评估页岩气资源。

页岩储层方面：页岩微-纳米孔隙特征是页岩气评价重要参数，诸多学者取得了一定的研究成果，对页岩气储层孔隙性质和分布状况进行了分析（Montgomery，2005），对巴尼特页岩孔隙类型进行记录、说明和分类，认为硅质泥岩主要为纳米级孔隙类型，多数与有机质颗粒有关，部分与黄铁矿球粒相关（Loucks et al.，2012）。认为 TOC 与吸附气量有很好的正相关性，Si/Al 与孔隙度呈负相关（Daniel et al.，2008，2009），采用纳米级分辨率成像研究不同地层页岩在二维和三维的微结构，微孔归纳为微裂隙、有机孔和层状硅酸盐孔隙（Mark et al.，2012），运用纳米-微米多尺度 CT 三维成像表征了页岩孔隙结构特征（白斌等，2013a），指出页岩孔隙的直径分布为 5~100nm（Philip，2009）。从页岩的微观结构和物性特征讨论了其封闭性，认为蒙脱石、伊利石增加页岩密封能力（David et al.，2002）。通过对页岩不同孔隙类型进行描述和分类，讨论了孔隙对气（油）存储空间以及渗流途径的贡献，认为黏土絮凝形成的微裂缝和有机孔隙为烃分子提供存放场所以及迁移途径（Roger and Neal，2011）。分析页岩岩石物理参数，弹性各向异性，认为成岩作用和沉积环境影响黏土矿物各向异性（Claudio et al.，2015）。研究了页岩有机地球化学参数与沉积环境、页岩气潜力相关性，有利因素为缺氧环境、合适的 TOC、成熟度，不利因素为低的 HI 值和高黏土含量（Gross et al.，2015）。对海陆过渡相页岩裂缝的发育特点和主要控制因素开展分析，微裂缝发育的增加与层理发育的程度、有机碳含量的增多、石英、伊蒙混层和伊利石的增多和高岭石的减少有关（Ding et al.，2013）。认为龙马溪组页岩气储层孔隙结构复杂，主要由纳米孔隙组成，具有一定的无规则孔隙结构，TOC 是控制储层中纳米孔隙体积及其比表面积的主要内在因素（陈尚斌等，2012）。提出地球化学分析揭示了页岩层内在地质规律，美国典型页岩初始原地气（OGIP）与 TOC 关系呈正相关，TOC 与有机质类型为页岩气主控因素（王飞宇等，2011）。探讨页岩孔隙结构特征对甲烷吸附能力的影响（侯宇光等，2012）。综上，页岩气储层孔隙特征及其影响因素研究成果十分丰富，但是，平凉组笔石页岩微-纳米孔隙特征研究程度较低，与有机、无机地化参数等相关性对比数据较少，对影响页岩储层的各种因素（笔石含量、矿物类型、有机参数、无机成分等）及对孔隙结构、含气性等影响研究深度不够。

1.1.2 存在的主要问题

（1）细粒沉积岩矿物成分复杂，缺乏一套完善、系统且适用性强的分类方案；海相细粒沉积体系分类较为简单，多数为陆棚沉积体系，在细粒沉积岩的组成、结构及成因机制上需要从理论上突破及方法创新。

（2）地球化学研究包括残余有机碳含量（TOC）、有机质类型、有机质热演化程度（R_o）等研究，当前研究已表明有机质类型和成熟度对油气相态及分区有明显的控制作用，对平凉组地球化学的控制作用研究深度不够。

（3）页岩气储层评价中最重要的孔隙结构测定目前国内外无成熟的方法技术。采用静态吸附毛细管压力曲线测定方法（BET法），开展页岩气储层的孔隙结构测定和研究，孔隙结构对页岩储层的贡献有待进一步深入。

（4）页岩气藏特征是：分布范围大（连续性），无圈闭、无成藏过程。页岩气赋存的地质条件、形成及演化过程、富集机理等都异常复杂，而鄂尔多斯盆地西缘区域构造地质条件复杂，页岩气形成演化过程中的保存条件未开展深入工作。

（5）关键参数的准确获取存在一定困难，如缺乏充分的现场解析实验落实含气性参数等。如含气参数的获取问题，按吸附气含量计算结果偏大，含气性参数需要进一步确定，包括取样方式和测试方法。

1.2 研究思路、技术路线及工作量

研究思路以非常规页岩气地质参数理论为基础，拟采用的方法主要以构造地质学、沉积学、岩石学、有机岩石学、石油地质学、地球化学等理论作为指导；以野外调查、钻井岩心描述、测试分析、测井技术、物探技术、统计分析等作为手段；采用多学科融合、宏观微观结合、室内室外结合思路来完成本课题。技术路线见图1-1。

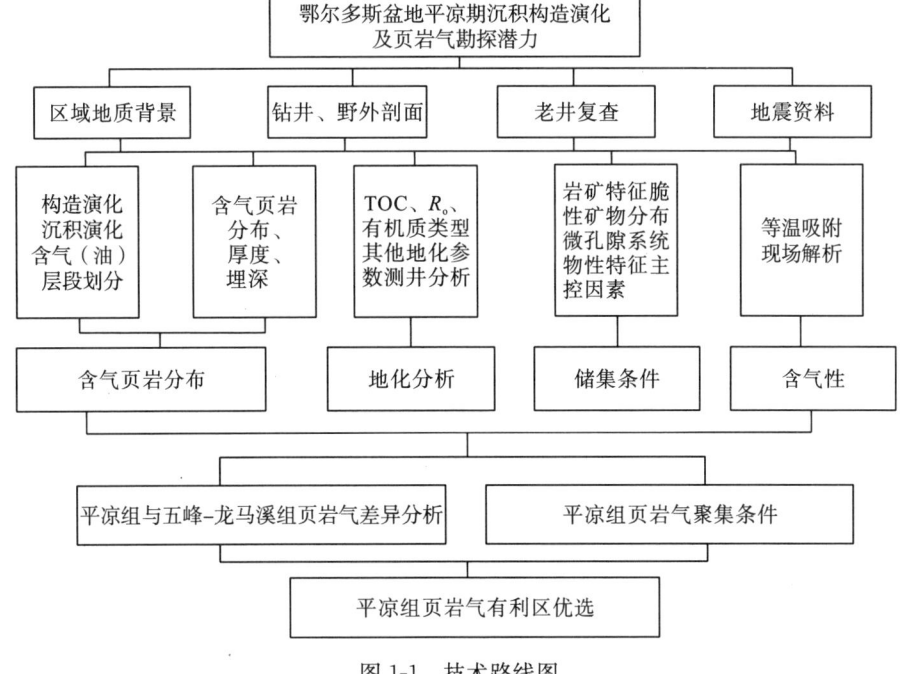

图1-1 技术路线图

1.3 主要工作量

1.3.1 资料调研及文献整理

2011~2015年通过到中石油长庆油田、中石化华北局、延长油矿、地调部门以及网上文献数据库检索等完成了对全盆地基础地质资料的收集，其中收集整理相关文献约220个，报告约28份。

1.3.2 野外地质调查、地球物理勘查

1. 野外地质调查

完成鄂尔多斯盆地下古生界平凉组野外地质调查6条，兼顾四川盆地、中扬子地区志留系龙马溪组剖面4条（表1-1）。

表1-1 野外地质调查剖面

剖面编号	剖面名称	调查层位
1	甘肃平凉银洞官庄中奥陶统平凉组剖面	平凉组
2	甘肃环县石板沟平凉组上段（拉什仲组）剖面	拉什仲组
3	内蒙阿拉善左旗胡基台下奥陶统剖面（樱桃沟组含笔石粉砂页岩）	樱桃沟组
4	宁夏同心小罗山－大罗山奥陶系剖面（米钵山组含笔石粉砂质页岩）	米钵山组
5	陕西耀县桃曲坡奥陶系剖面（桃曲坡组底部含笔石页岩）	桃曲坡组
6	内蒙乌海老石旦中奥陶统乌拉力克组剖面	乌拉力克组
7	重庆黔江水田乡－金溪镇五峰－龙马溪组剖面	五峰－龙马溪组
8	贵州道真平胜－平模龙马溪组剖面	五峰－龙马溪组
9	湖北利川咸丰活龙坪五峰－龙马溪组剖面	五峰－龙马溪组
10	重庆石柱漆辽五峰－龙马溪组剖面	五峰－龙马溪组

2. 岩心观察及取样工作

完成下古钻井资料搜集、岩心观察和描述井共计11口（惠探1井、环14井、苦深1井、布1井、乐1井、芦参1井、任3井、天深1井、棋探1井），完成下古生界18口井的老井复查工作，筛选出下古7口井作为本次研究基础资料点，并对钻井、录井、测井、实验分析等资料进行了系统收集和整理。

3. 地球物理勘查

收集和处理了过全盆地地震大剖面4条，中石油、中石化探区二维地震资料约800km，三维地震资料60km^2。

4. 前期研究成果复查

对盆地地质志，前三轮资源量评价，"十五""十一五"国家重大专项，中石油、中石化以及延长油矿关于盆地资源量评价等成果报告进行了复查和落实。

1.3.3 分析测试

完成下古生界平凉组各项测试、试验分析 192 件次（表 1-2）。

表 1-2　实验测试分析统计详表

层位	项目	完成工作量
平凉组	薄片鉴定	10
	扫描电镜	20
	X-衍射	16
	页岩 TOC 测定	50
	比表面积	8
	镜煤反射率	30
	等温吸附测试	2
	热解分析	30
	孔隙度测定	10
	主微量稀土测试	16

第 2 章 区域地质背景

鄂尔多斯盆地系指阴山以南、秦岭以北、贺兰山以东、吕梁山以西的广大沙漠草原和黄土高原地区，北纬 $34°00'\sim41°20'$，东经 $105°30'\sim110°30'$，分布面积为 $37\times10^4\text{km}^2$，地理上横跨陕、甘、宁、蒙、晋五省(区)。除外围的河套、渭河、银川、六盘山等新生代断陷盆地，盆地本部面积约达 $25\times10^4\text{km}^2$(杨俊杰，2002)，在大地构造单元上，是华北地台的一部分，构造位置处于我国东部构造域和西部构造域的过渡带，是一个稳定沉降、坳陷迁移的多旋回演化的克拉通盆地。本书重点研究区为鄂尔多斯盆地西缘、南缘，同时涉及相邻的祁连-秦岭地区。

2.1 中新生代区域大地构造单元划分及其特征

2.1.1 构造单元的划分原则

王鸿祯(1999)提出包括大陆地台和大陆边缘褶皱区在内的高级构造单元构造域，构造域之间的分界是大陆边缘之间的对接消减(缝合)带，大陆地台和大陆边缘褶皱区是大陆上最基本的两个构造单元，具有盆山转换和盆山耦合的地质特征。中国的地层发育总体上受构造阶段的控制，可以晋宁造山期(900~800Ma)和印支造山期(230~200Ma)为界分为三大阶段。

构造单元的划分和研究其实质在于研究工区内地壳构造的"共性"和"个性"及其相互之间的时空结构关系，也就是从时间尺度和空间尺度上探讨研究区地壳演化的时空结构的有序性。通过构造单元的划分与研究，既可以了解研究区各构造单元在不同构造阶段的地质特点，又可以了解同一构造阶段不同构造单元的构造特征，以及各构造单元在不同构造阶段的空间结构及其共同演化的时空结构的有序性，从而系统、全面地揭示研究区总的构造特点及其时空演化规律。

20 世纪 60 年代产生的板块构造学说，有力地拓展了固体地球科学的研究领域，激发了多学科的交叉研究，使地学观念产生了重要的和革命性的变化(马宗晋和高祥林，2004)。板块构造理论从全球动力学整体考虑，将岩石圈板块边界划分为汇聚型、离散型和转换型三种基本类型。区分出不同性质的大陆边缘，识别出不同构造环境的沉积盆地及含油气区(盆地系)，使大地构造研究从静态步入动态研究，沉积盆地的研究进入了一个崭新的阶段(Allen and Allen，1990)。按照现代板块构造理论，洋中脊、B 型俯冲带和转换断层是板块构造的三种基本边界。但是对于洋盆已消失的大陆板块构造来讲，寻找两板块之间的接合带或缝合带就成为板块构造划分的最基本依据。这些缝合带曾经是两大陆块之间洋壳消失、大陆俯冲－碰撞的最终产物。也就是说，对于研究区构造单元的划分必须首先考虑曾以洋盆相隔，经过长期演化而残余于大陆地壳内的古缝合带作为一级大地构造单元划分的最主要依据。以地质发展史中最具影响的构造特点为依据，适当考虑后期构造作用的叠加改造，这是因为最具影响的构造形成基本奠定了现今研究区基本构成的原始板块及其拼合配置关系以及各大地构造单元的基本物质组成。对于一个确定的板块来讲，板块不同部位具有不同地壳结构型式，板块相互作用又导致同一板块不同构造位置的构造特征及形成具有较大差异。板块相互作用在同一板块不同构造位置产生的构造效应的差异，是划分板块内部次级构造单元的最主要依据。

鄂尔多斯西缘、南缘及其相邻的祁连－秦岭地区经历了长期构造演化，它是华北板块、秦岭板块、扬子板块相互俯冲碰撞且又经历了复杂的大陆内多期次造山及成盆作用而形成的复合型大陆构造带与盆地（赵重远和周立发，2000；杨俊杰，2002；周立发，1992）。这些构造带与盆地分别包容着不同时代、不同性质、不同类型的造山作用与成盆作用所形成的岩石地层单元及其结构构造型式，它们共同组成了极其复杂的物质组成单元及相对应的空间复合结构型式。以不同的构造学术观点，强调某一构造发展阶段的构造组成，会有不同的构造单元划分方案，由此出现：贺兰断褶带、鄂尔多斯西缘冲断构造带、华北地台南缘台褶带、北秦岭加里东褶皱带、南秦岭海西－印支褶皱带、秦岭构造区等诸多术语。

2.1.2 中新生代区域大地构造单元划分

根据以上原则，并参考研究区岩石圈结构特征、重磁场特征、地震资料解释和构造变形特征等（杨俊杰，1993；张国伟等，2001；王涛等，2007），以商丹－北淮阳古缝合带(PF1)和略阳－襄樊古缝合带(PF2)为界，可将研究区及邻区划分为三个相互独立的板块或一级构造单元：华北古板块、秦岭古板块和扬子古板块（图2-1）。

对于商丹缝合带以北的华北板块（南部），根据其中新生代构造特征、岩浆活动和构造趋向及其转换的差异性，又可将其划分为：北祁连－北秦岭逆冲推覆构造系、华北板块南缘对冲构造系、河西走廊冲断构造系、鄂尔多斯西缘走滑冲断构造系、平顶山－淮南被动冲断构造系、洛阳－宿州构造转换区、鄂尔多斯断块、山西断褶带、太行山断隆、渤海湾盆地、鲁东隆起。

值得提及的是，中新生代区域上以鄂尔多斯南缘的圣人桥断裂、济源－商丘断裂为界，以北地区的构造线主体呈南北或北北东方向展布，以南地区的构造线主体呈东西或北西西向展布；同时以北地区新生代的构造伸展作用极其强烈，形成众多呈北北东方向展布的断陷盆地，发育下白垩统地层；以南地区这种构造伸展作用明显减弱，发育上白垩统地层。由此可见，鄂尔多斯南缘的圣人桥断裂、华北南缘的济源－商丘断裂、中牟断裂是区域上十分重要的构造转换断裂，其定型于燕山期。

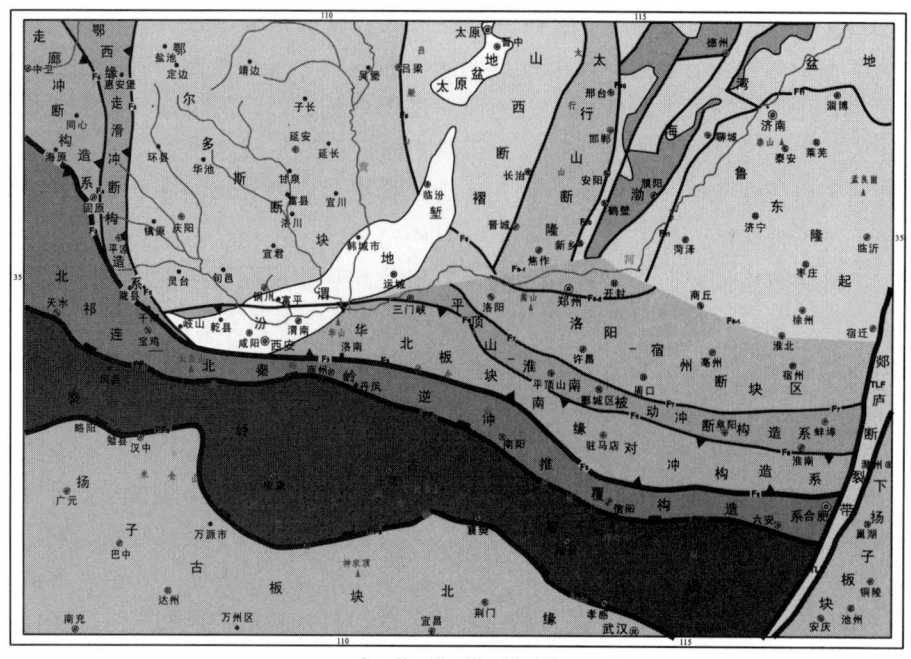

PF₁.商丹断裂；PF₂.略阳-襄樊断裂；TLF.郯庐断裂；F₃.海原-洛南断裂；F₄.青铜峡-固原断裂；F₅.沙井子断裂；F₆.圣人桥-三门峡-淮南断裂；F₇.叶县-鲁山-舞阳断裂；F₈₋₁.济原-商丘断裂；F₈₋₂.中牟断裂；F₉.离石断裂；F₁₀.太行山东麓断裂；F₁₁.聊城断裂；F₁₂.太行山西麓断裂

图 2-1　华北板块南缘及秦岭中新生代大地构造单元划分图

2.2　区域构造背景

鄂尔多斯盆地现今总体为近南北走向西翼陡东翼缓的大向斜（图 2-2、图 2-3）。盆地现今构造格局奠基于中燕山运动，发育完善于喜马拉雅运动，盆地北跨乌兰格尔凸起与河套盆地为邻，南与渭北挠褶带和渭河盆地相望，东接晋西挠褶带与吕梁隆起呼应，西经逆掩冲断构造带与六盘山、银川盆地对峙。根据鄂尔多斯盆地现今的构造形态、基底特征，结合沉积建造、油气资源分布特点及重力、磁力资料，将其划分为六个一级构造单元（图 2-4）：伊盟隆起、渭北隆起、晋西挠褶带、陕北斜坡、天环向斜、西缘冲断构造带。

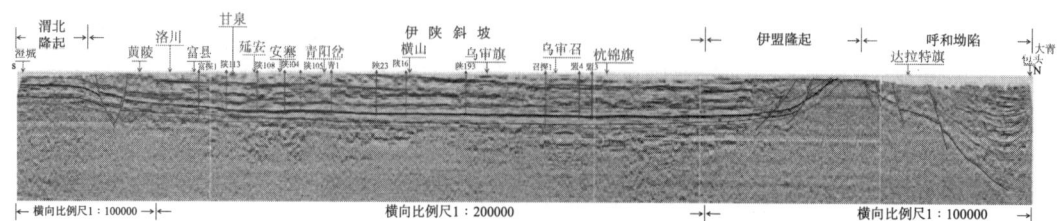

图 2-2　鄂尔多斯盆地南北向横剖面（据张军，2005）

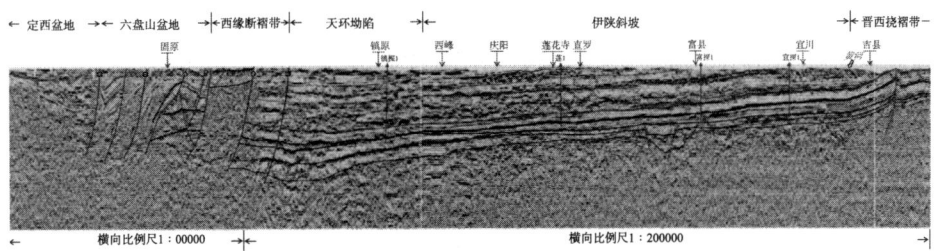

图 2-3 鄂尔多斯盆地东西向横剖面（据张军，2005）

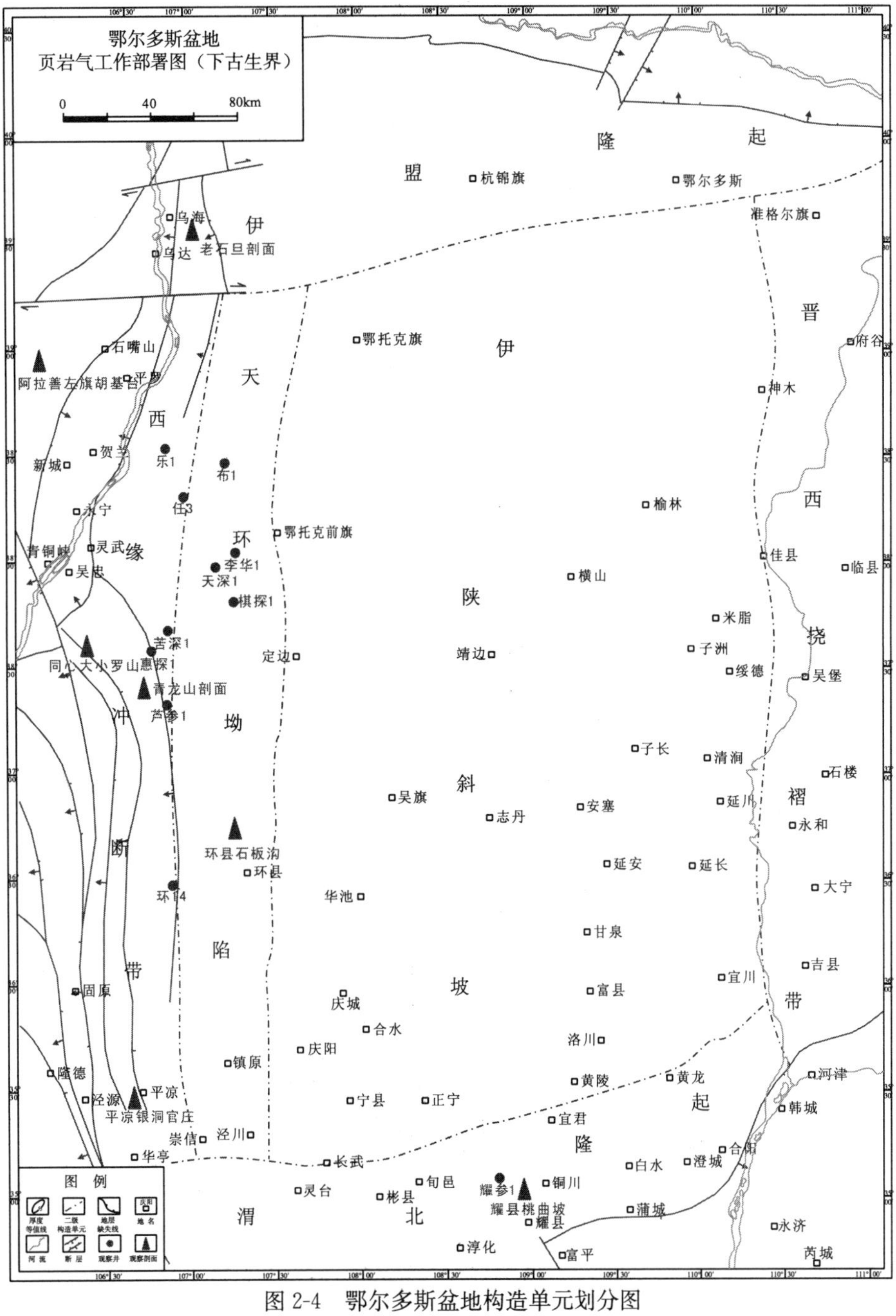

图 2-4 鄂尔多斯盆地构造单元划分图

2.2.1 构造单元划分

1. 伊盟隆起

伊盟隆起位于鄂尔多斯盆地北部，西以桌子山断裂为界，北与河套盆地相邻，南与天环向斜、陕北斜坡和晋西挠褶带相接。该隆起自古生代以来一直处于相对隆起状态，各时代地层均向隆起方向变薄或尖灭，该隆起顶部是东西走向的乌兰格尔凸起，新生代河套盆地断陷下沉，把阴山与伊盟隆起分开，形成现今的构造面貌。

2. 渭北隆起

渭北隆起南迄渭河地堑边界断裂，北止龙 1 井－耀参 1 井逆断层，呈南翘北倾的形态。该隆起在中新元古代到早古生代为一南倾斜坡；古生代相对下沉，接受了上古生界沉积；至中生代形成隆起，成为鄂尔多斯盆地的南部边缘；新生代渭河地区断陷下沉，渭北隆起翘倾抬升，形成现今构造面貌。该隆起带南部出露古生界及其以下老地层，向北地层变新，其上地面构造非常发育，以逆冲断层为主，构造成排成带分布，褶皱多为长轴背斜，一般北翼陡、南翼缓，局部可见地层强烈挤压而发生倒转，它们主要形成于加里东期和燕山期(张吉森，1995)。

3. 晋西挠褶带

该带西界位于神木－宜川东，东界为离石断裂。
吕梁运动使该带在中晚元古代处于相对隆起状态，寒武纪、早奥陶世、晚石炭世、二叠纪、三叠纪均有沉积。侏罗纪末升起，与华北地台分离，成为鄂尔多斯盆地的东部边缘，燕山期吕梁山上升并向西推挤，加上基底断裂的影响，形成南北走向的晋西挠褶带。

4. 陕北斜坡

陕北斜坡在晚元古代早期为隆起区，没有接受沉积，仅在寒武纪、早奥陶世沉积了海相地层，晚古生代以后开始接受陆相沉积，主要形成于早白垩世，是向西倾斜的平缓单斜，倾角不到 1°。该斜坡占据着盆地中部的广大地区，以发育鼻状构造为主。

5. 天环向斜

该带始于盐池－环县，西邻西缘冲断构造带。该带在古生代表现为西倾斜坡，晚三叠世才开始坳陷，成为当时的沉降带。侏罗纪、白垩纪坳陷继续发展，沉降中心逐渐向东偏移，沉积带具有西翼陡东翼缓不对称的向斜形态。

6. 西缘冲断构造带

西缘冲断构造带系指贺兰山、六盘山以东，天环向斜以西，北起桌子山，南达平凉的

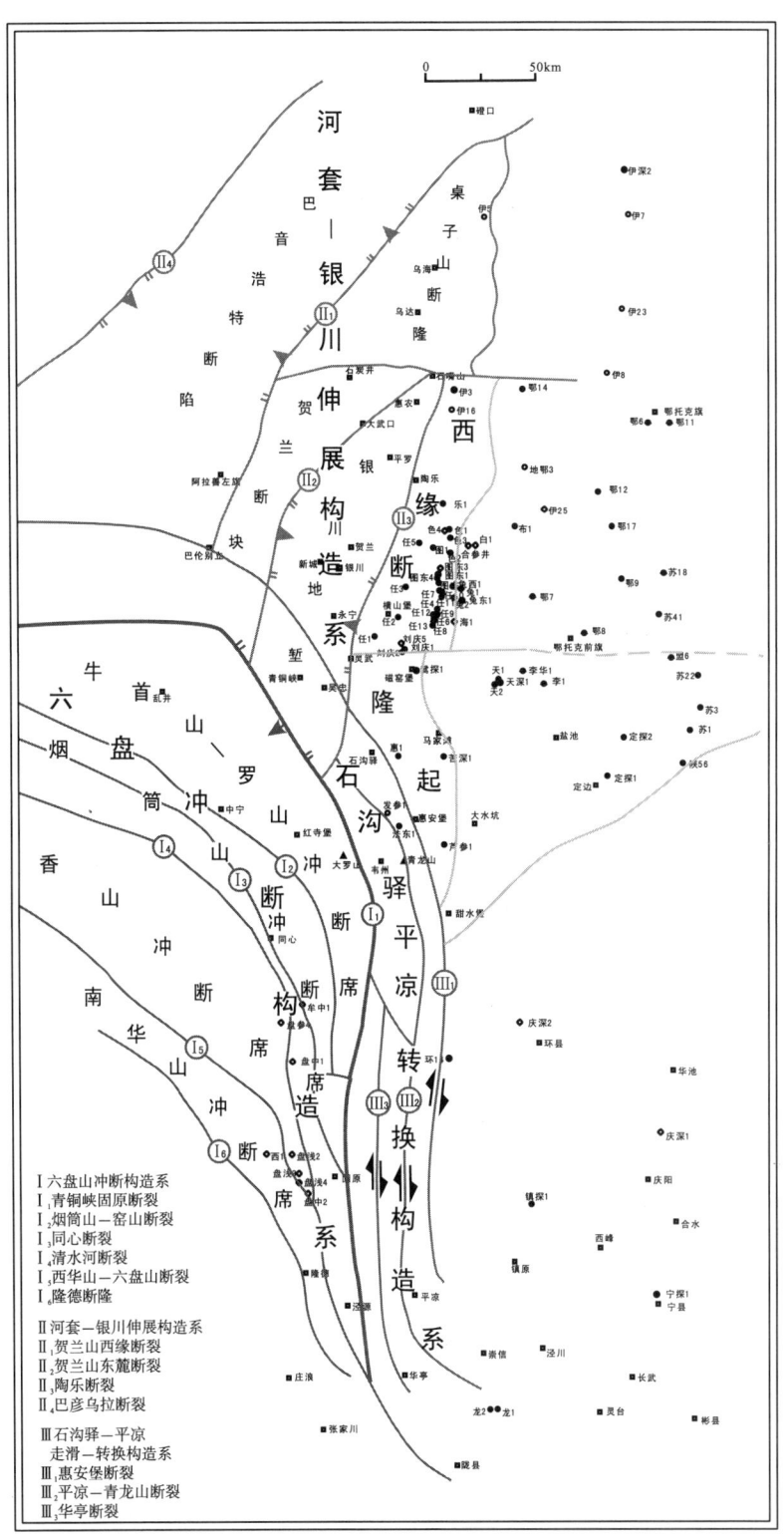

图 2-5 鄂尔多斯西缘及邻区新生代断裂系统划分图(据周立发,2009)

狭长地区。从构造变形特征看，该区以冲断褶皱作用为主，表现为一系列的西倾冲断层。已有研究成果表明，从构造形迹、冲断层组合及其产状特征可把鄂尔多斯西缘褶皱冲断带分为南北两段，大体以吴忠、马家滩为界，其北为贺兰褶皱冲断带，它以冲断层倾角陡为特征，表现为厚皮构造；界线以南为六盘山褶皱冲断带，以倾角缓的叠瓦状冲断层为特征，表现为薄皮构造。

盆地线性构造主要以东西向、南北向、北东向、北北东向、北西向展布，但是在不同的构造区、不同的深度是有差异的，如西缘掩冲构造带线性构造为南北向(图2-5)，渭北隆起为北东向(图2-6)。

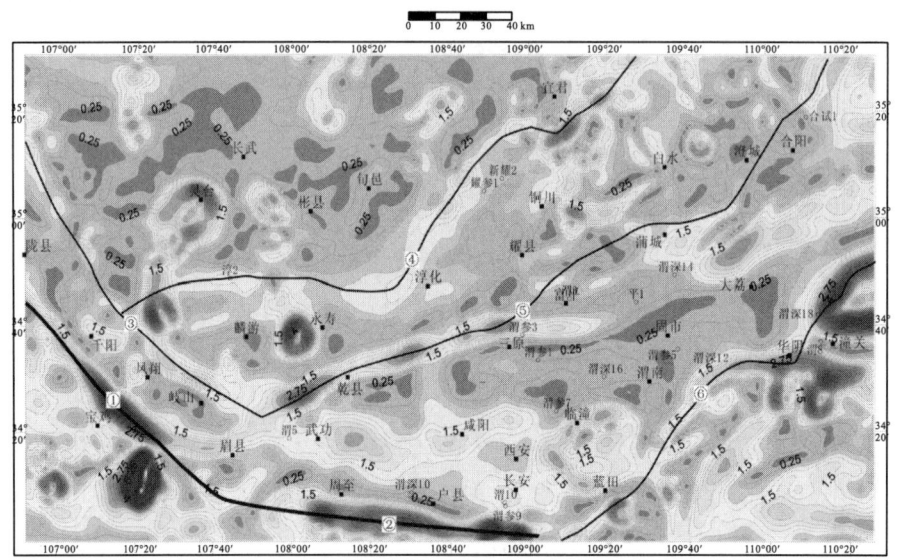

图2-6 渭河盆地及邻区重力水平总梯度图及其反映的区域性大断裂(据周立发，2009)
①秦岭北缘大断裂带；②八渡－虢镇逆冲断层；③平凉－龙门逆冲断层；④渭北隆起北缘断裂；
⑤渭河盆地北缘断裂；⑥华山北侧大断裂

2.2.2 鄂尔多斯航磁异常及其反映的构造格局

对斜磁化条件下的磁异常化到相当于垂直磁化条件下的磁异常，这就是磁异常 ΔT 化极处理。磁异常的向上延拓，根据地面实测异常计算地面以上某一高度的异常值。目的在于压制浅部磁体的干扰，突出深部磁体产生的有意义异常。

在鄂尔多斯航磁 ΔT 化极异常图上(图2-7)，明显可见构造趋向呈北东方向的高值异常带和低值异常带相间展布的特点，区域上的中新元古界基本是一套磁性极弱的岩性组成，如硅质白云岩、碎屑岩等组成，而古元古界和太古界则是一套磁性相对较强的岩性组合。相对高值异常带是早前寒武系变质结晶岩的反映，相对低值异常带则是中新元古界未变质岩性组合的反映。由此推断，贺兰低值异常带和岐山－石楼低值异常带代表着相对独立的中新元古界断陷盆地，相对高值异常带则是早前寒武系结晶基底的反映，也指示了盆地基地的起伏特征。

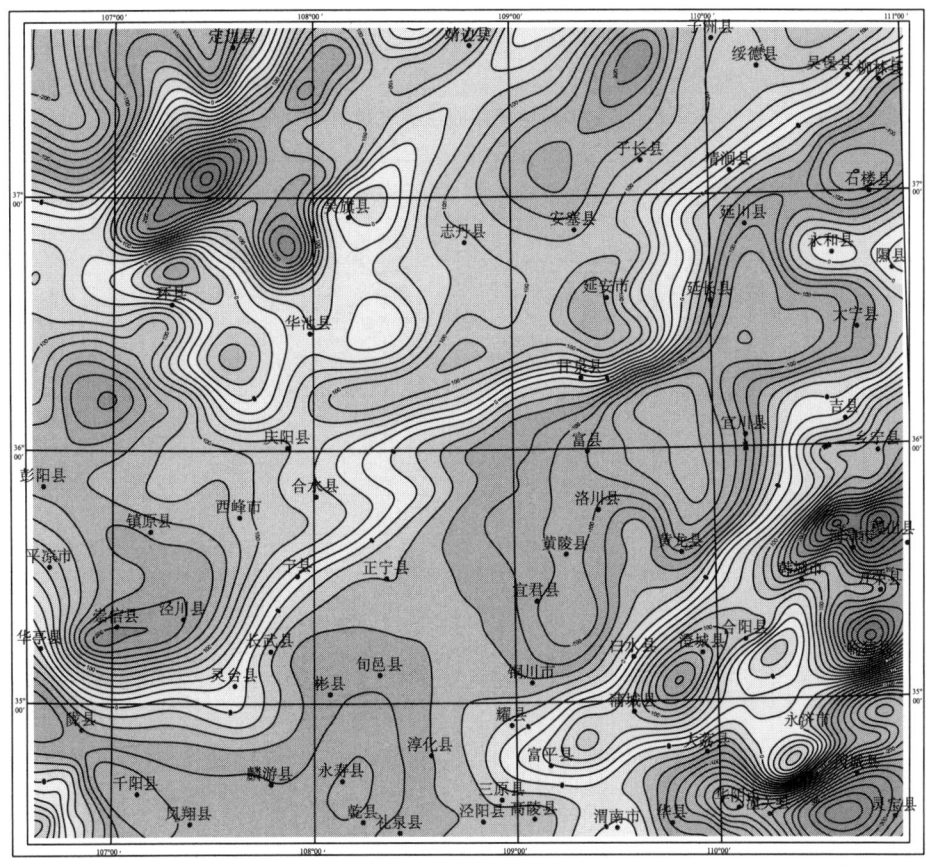

图 2-7　鄂尔多斯航磁 ΔT 化极向上延拓 5 公里异常图(据周立发，2009)

2.3　平凉组地层特征

2.3.1　下古生界平凉组地层划分与对比

鄂尔多斯盆地及邻区前三叠纪地层划分情况见表 2-1。盆地本部趋势中上奥陶统，下统自上而下发育峰峰组、马家沟组、亮甲山组、冶里组，其中马家沟组与亮甲山组不整合接触，存在缺失；寒武系地层发育较全，自上而下发育三山子组、张夏组、馒头组、朱砂洞组、辛集组；寒武系与下伏地层呈不整合接触。盆地南缘及西缘下古地层相对发育较全，其中南缘上奥陶统背锅山组与上古石炭系本溪组地层呈不整合接触，寒武系下统辛集组与震旦系罗圈组不整合接触，中间地层连续发育；西缘地层划分系统相对复杂，上奥陶统蛇山组(相当于南缘背锅山组)与西缘石炭系羊虎沟组不整合接触，中奥陶统自上而下依次发育公乌素组、拉什仲组、乌拉力克组(这三套地层相当于南缘平凉组)，下统依次发育克里摩里组、桌子山组、三道坎组，三道坎组与寒武系阿不切亥组不整合接触，寒武系自上而下依次发育张夏组、呼鲁斯太组、陶斯沟组、五道淌组、苏峪口组。贺兰山地层寒武系地层系统与盆地西缘一致，奥陶系地层与西缘对应情况为银川组对应公乌素组，米博山组对应拉什仲组和乌拉力克组，天景山组对应克里摩里组、桌子山组和三道坎组。

表 2-1　鄂尔多斯盆地前中生界地层对比及划分表

代	纪	世	期	年龄/Ma	鄂尔多斯本部	鄂尔多斯西缘	贺兰山	河西走廊（香山）
中生代	三叠纪	晚世	瑞替 诺利 卡尼	200 203 220	侏罗系	延安组	延安组	延安组
					延长群	延长群	白芨芨沟群	
		中世	拉丁 安尼	230 233		纸坊组（二马营组）	纸坊组（二马营组）	
		早世	奥列尼奥克 印度	240 250	二马营组 和尚沟组 刘家沟组			五佛寺组（西大沟群下部）
晚古生代	二叠纪	乐平世	长兴 吴家坪	253 260	石千峰组	石千峰组	石千峰组	红泉组（窑沟组）
		瓜德鲁普世	卡匹敦 沃德 罗德	265	石盒子组	石盒子组	石盒子组	大黄沟组
		乌拉尔世	空谷 亚丁斯克 萨克马尔 阿什舍尔	272 280 290 295	山西组 太原组	山西组 太原组	山西组 太原组	太原组
	石炭纪	宾夕法尼亚世	格则尔 卡西莫夫 莫斯科 巴什基尔	310 320	本溪组	羊虎沟组	羊虎沟组	羊虎沟组
		密西西比世	谢尔普霍夫 维宪 杜内	325 345 355				臭牛沟组 前黑山组
	泥盆纪	晚世	法门 弗拉					中宁组
		中世	吉维特 埃菲尔	380				石峡沟组（雪山组）
		早世	埃姆斯	400 410				
早古生代	志留纪	晚世						旱峡组
		中世						同心组
		早世		435				照花井组
	奥陶纪	晚世	五峰 石口 涧江	455		蛇山组（姜家湾组） 公乌素组（车道沟） 拉什仲组 乌拉力克组	背锅山组 平凉组	银川组
		中世	胡乐	465		克里摩里组	米钵山组	米钵山组
		早世	宁国 新厂	500	马家沟组	桌子山组／三道坎组	天景山组	天景山组
	寒武纪	晚世	凤山 长山 崮山		三山子组	阿不切亥组	阿不切亥组	香山群
		中世	张夏 徐庄 毛庄		张夏组 馒头组	张夏组 胡鲁斯台组 陶思沟组	张夏组 胡鲁斯台组 陶思沟组	
		早世	龙王庙 沧浪铺 筇竹寺 梅树村	520	朱砂洞组 辛集组	五道淌组 苏峪口组	五道淌组 苏峪口组	
新元古代	震旦纪	晚世	灯影期 陡山沱期	540 (570) 650 700		正目关组	正目关组	?
		早世		800				
	青白口纪			1000				

平凉组为袁复礼(1925)年创名于甘肃省平凉市银峒官庄剖面,指分布于太统山南部的以杂色致密灰岩与黄绿色薄层砂质页岩的互层及上部的页岩,统称为平凉页岩。1972年甘肃区测二队改称平凉组,沿用至今。

本次研究的主要目的层中奥陶统平凉组主要分布在盆地西缘和南缘,在盆地西缘又称为乌拉力克组(平凉组下段)和拉什仲组(平凉组上段),盆地本部未见沉积,整体呈现自北向南、自东向西厚度增大的趋势。区域上主要为一套深水笔石页岩与钙屑浊积岩和碎屑浊积岩夹灰绿色砂质泥岩,岩性以浅黑、黄绿色薄层页岩及粉砂岩为主,夹有细砂岩、砾状灰岩、灰岩及凝灰质砂岩,富含笔石、三叶虫、牙形石等化石。西缘平凉组沉积厚度较大,主要在0~300m范围,西缘崇信-环县-盐池-磴口以西主要以页岩、砂质泥岩和粉砂岩为主。任3井、天深1井、惠探1井、芦参1井钻遇的乌拉力克组厚度分别是186m、52m、63m、97m。整体是一套由灰黑色泥岩、深灰色泥灰岩和浅灰色石灰岩呈韵律沉积所组成的浊积岩岩系;拉什仲组在区域上厚度变化较大,任3井、天深1井、惠探1井、苦深1井、芦参1井钻遇厚度分别为215m、217.5m、430m、294m、292m,是一套厚度巨大,以灰色泥岩和灰色、浅灰色泥岩、灰质粉砂岩不等厚互层为主体,间夹薄层浅灰色泥灰岩、石灰岩和凝灰质泥岩的岩性组合。

盆地南缘在富平、铜川一带,与平凉组相当的地层早期也称为平凉组,1983年陈景维、梅志超、卢焕勇和李文厚将其创名为赵老峪组,时代属中晚奥陶世。岩性为深灰色、灰黑色薄层状、薄板状、页片状微-泥晶灰岩与藻砂屑(或内碎屑)细-粉晶灰岩互层,夹中厚-巨厚层角砾状灰岩、白云质灰岩和少许的凝灰岩、薄层硅质岩。根据岩性差异,平凉组地层可分为上平凉段和下平凉段,上平凉段顶部与上覆背锅山组底部以厚层角砾灰岩的出现为分界标志,下平凉段底部以黑色页岩的出现与下伏马家沟组灰岩区分。鄂尔多斯南缘地区平凉组在全区都有分布,平凉-陇县一带与中东部地区岩性差异较大。下平凉段以黑色页岩为主,以含丰富的笔石为特征,同时夹数层薄层灰岩及角砾灰岩,角砾为本地堆积。上平凉段为黄绿色页岩、砂质页岩、泥质粉砂岩以及火山碎屑岩呈不等厚互层,厚度174~553m。盆地南缘灵台-黄陵-韩城线以南以灰岩和泥灰岩沉积为主,平凉太统山厚116m,龙门洞厚132m,景福山厚580m,岩性在横向上多变。耀参1井钻遇厚度174m,淳探1井厚度553m。

2.3.2 惠探1井平凉组地层

对盆地西缘惠探1井平凉组地层进行分析(图2-8),自上而下特征如下。

1. 中奥陶统拉什仲组

惠探1井钻遇的拉什仲组井段:4124~4554m,厚度为430m,是一套厚度巨大,以灰色泥岩和灰色、浅灰色灰质粉砂岩不等厚互层为主体,间夹薄层浅灰色泥灰岩、石灰岩和凝灰质泥岩的岩性组合。夹凝灰质泥岩或凝灰质砂岩在区域上是中奥陶统拉什仲组不同于下伏地层乌拉力克组和克里摩里组的特点之一。据岩性统计,拉什仲组中深灰色、灰色泥岩累计厚度为254.62m,泥质粉砂岩和灰质粉砂岩的累计厚度为101m,泥灰岩和石灰岩的累计厚度为 74.38m，分别占地层总厚度的 59.20%，23.50% 和 17.30%（表 2-2）。它以不含细砂岩、中砂岩和粗砂岩为其岩性组合特征。根据岩性组合特点可将拉什仲组自上而下分为三个岩性段。以中岩性段为参照，向上泥质岩减少，粉砂岩增加；向下泥岩减少，灰岩增加。

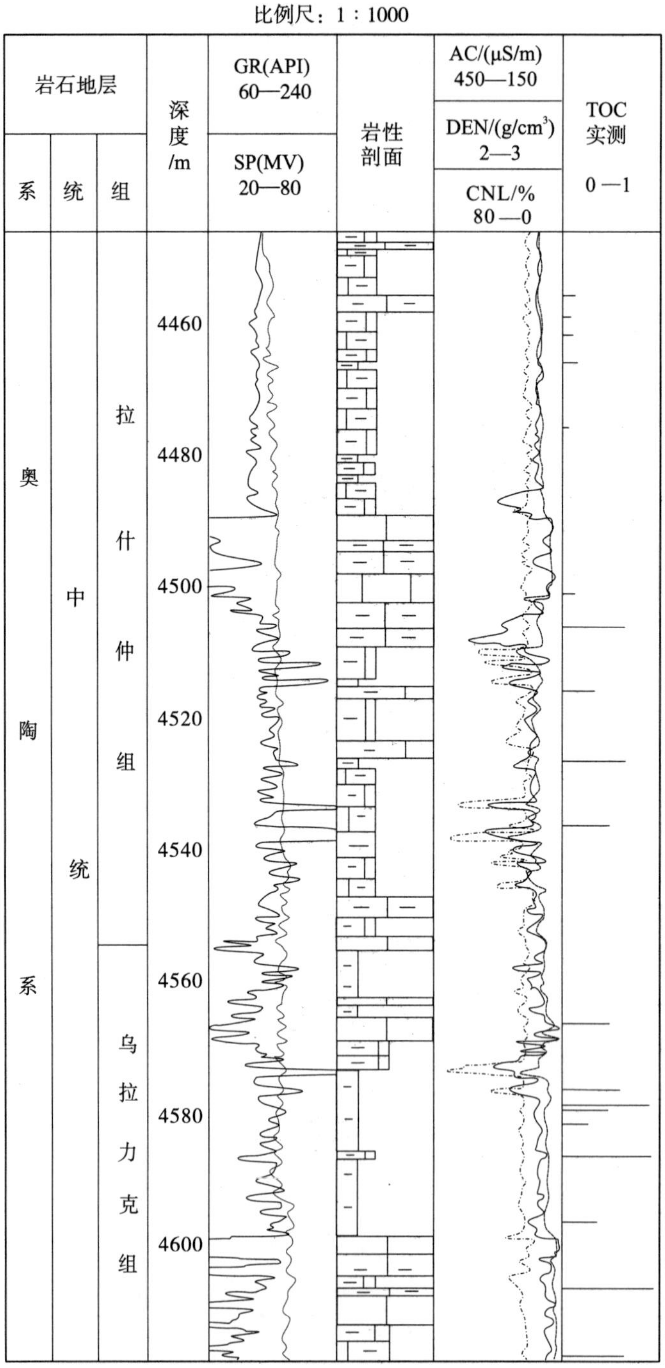

图 2-8　惠探 1 井乌拉力克组、拉什仲组综合剖面图

(1)上岩段(泥岩粉砂岩互层段):井深4124~4354m,厚度为230m。

该岩段是一套以泥岩和粉砂岩交互出现的不等厚互层为主体,间夹泥灰岩和石灰岩的岩性组合。据岩性统计:该岩段泥岩累计厚度113m,粉砂岩累计厚度101m,泥灰岩和灰岩的累计厚度16m,分别占该段地层厚度的49.13%、43.91%和6.96%(表2-2)。泥岩和粉砂岩几乎等比例和灰岩含量极少为该段地层岩性组合特征。

表2-2 惠探1井平凉组岩性统计表

层位			泥岩	粉砂岩	灰岩
拉什仲组	上岩段	h/m	113.00	101.00	16.00
		比例/%	49.13	43.91	6.96
	中岩段	h/m	115.62		19.38
		比例/%	85.64		14.36
	下岩段	h/m	26.00		39.00
		比例/%	40.00		60.00
	总计	h/m	254.62	101.00	74.38
		比例/%	59.20	23.50	17.30
乌拉力克组		h/m	34.00		29.00
		比例/%	52.31		47.69

(2)中岩性段(泥岩、泥灰岩互层段):井深4354~4489m,厚度为135m。

与上岩段相比,中岩段以不含粉砂岩和石灰岩,而含较多泥灰岩为特点。据岩性统计,该岩段泥岩累计厚度115.62m,泥灰岩、灰岩累计厚度为19.38m,它们分别占该段地层厚度的85.64%、14.36%(表2-2)。因此,中岩段是一套以泥岩和灰质泥岩为主体,间夹泥灰岩的岩性组合。

(3)下岩段(灰岩、泥灰岩、泥岩互层段):井深4489~4554m,厚度为65m。

该岩段以发育薄层石灰岩和凝灰质泥岩为特点。据岩性统计,泥岩和灰质泥岩累计厚度26m,泥灰岩累计厚度23.28m,灰岩累计厚度15.72m,灰岩两者累计厚度为39m,占地层总厚度的60.00%(表2-2)。自上而下泥岩类减少,灰岩类增加;自下而上灰岩类减少,粉砂岩类增加。

拉什仲组的灰质、灰质粉砂岩碎屑组成中,石英约占55%,灰质约占30%,泥质约占5%,暗色矿物及其他约占5%,加酸反应中等。泥岩性硬,微含灰质,加酸反应弱,吸水性、可塑性差。泥灰岩中泥质约占40%,灰质约占60%,加酸反应强烈;石灰质性脆,泥质约占5%,灰质约占95%,加酸反映强烈。

拉什仲组电性特征:上岩段和中岩段电性特征相似。双侧向电阻率曲线呈小锯齿状起伏,电阻率值相对较大;声速曲线呈小锯齿状,局部呈指状;自然伽马曲线呈锯齿状-指状,局部呈尖峰状;自然电位曲线平直,无起伏。下岩段双侧向电阻率曲线呈锯齿状-指状起伏,局部呈指状-箱状;声速曲线呈指状-锯齿状起伏。自然伽马曲线呈锯齿状-指状,局部呈尖峰状和指状-箱状,幅度较大;自然电位曲线无变化。

惠探1井分层依据以棕黄色凝灰质泥岩的消失和灰黑色泥岩和石灰岩的较多出现作

为拉什仲组与下伏乌拉力克组的分界。双侧向电阻率值明显低于乌拉力克组。与上覆地层为不整合接触关系，与下伏地层为整合接触关系。

2. 中奥陶统乌拉力克组

井段：4554~4617m，厚度为63m。惠探1井钻遇的乌拉力克组是一套由灰黑色泥岩、深灰色泥灰岩和浅灰色石灰岩呈韵律沉积所组成的浊积岩岩系。其中灰黑色泥岩和深灰色灰质泥岩的累计厚度34m，占地层总厚度的52.31%，石灰岩累计厚度16m，泥灰岩累计厚度13m，分别占地层总厚度的25.4%和20.63%，两者累计占地层总厚度的47.69%（表2-2）。不论是泥岩、泥灰岩还是石灰岩均呈中薄层状产出，层厚多为7~10cm，与上覆、下伏地层均为整合接触关系。

乌拉力克组的灰黑色泥岩，性较硬、微含灰质，吸水性、可塑性差，加酸不反应；灰色灰质泥岩，性较硬，灰质约占25%~35%，泥质约占65%~75%，加酸反应中等；灰色泥灰岩，性较硬，泥质约占40%，灰质60%，加酸反应强烈；浅灰色石灰岩，性脆，泥质约占5%，灰质约占95%，加酸反映强烈。

乌拉力克组电性特征：双侧向电阻率呈高值，曲线形态呈锯齿状-尖峰状；声波值较低，曲线形态呈小锯齿状；自然伽马曲线呈峰峦状-指状起伏，幅度较大；自然电位曲线无起伏。

惠探1井分层依据以凝灰质砂岩或凝灰质泥岩的消失和大套灰黑色泥岩（页岩）的出现作为拉什仲组与乌拉里克组的分层界线。以灰黑色泥岩（页岩）的消失和大套中薄层灰岩的出现作为乌拉里克组与克里摩里组的分层界线。

第3章 平凉期沉积构造演化

3.1 鄂尔多斯盆地平凉期构造演化

3.1.1 平凉组发育的凝灰岩及其构造意义

鄂尔多斯西南缘中奥陶统平凉组发育有多层单层厚度不等的火山凝灰岩夹层,研究该区的火山凝灰岩无疑对确定鄂尔多斯西南缘地区中晚奥陶世构造环境、原盆地类型及南缘与秦岭造山带之间的关系都具有重要作用。傅力浦等(1993)对其分布进行研究,认为火山凝灰岩的厚度有由南向北变薄以至消失的规律。袁卫国(1995)研究表明火山凝灰岩的成分主要为钙碱质系列和拉斑玄武岩系列,前者火山岩类型主要见于岛弧和活动大陆边缘,而后者则见于各种构造环境。

野外露头可见的火山凝灰岩主要分布于耀县桃曲坡剖面、平凉太统山剖面、富平赵老峪剖面及陇县龙门洞剖面(图 3-1)。

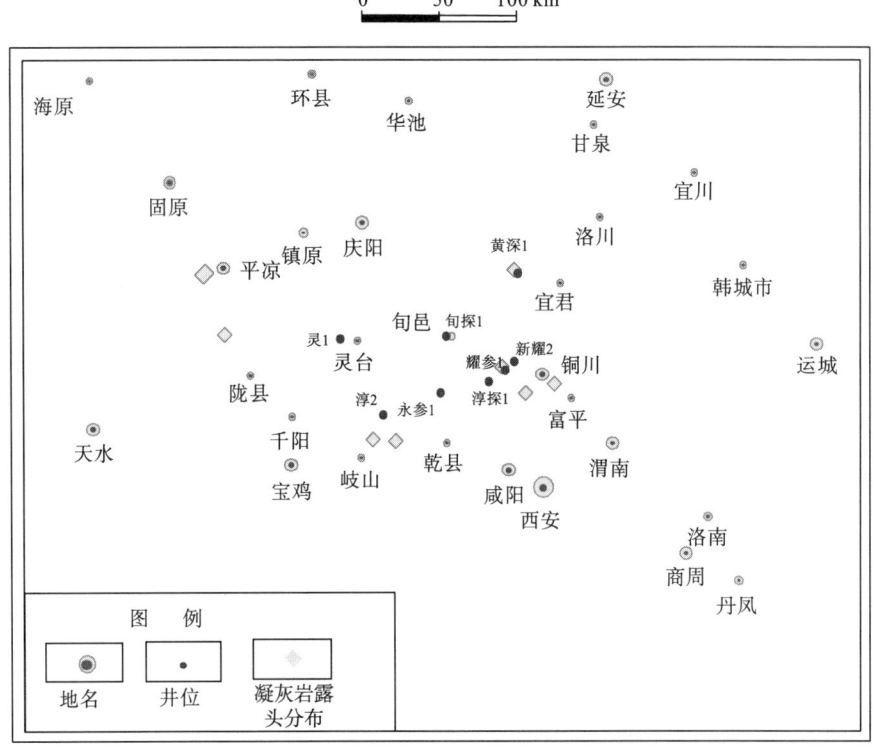

图 3-1 研究区中上奥陶统火山凝灰岩分布图(据周立发,2009)

凝灰岩为灰绿、橘黄色，呈薄层状夹于中奥陶统平凉组等地层中（图 3-2a）。镜下薄片鉴定表明火山碎屑为玻屑、晶屑（图 3-2b），基质主要为火山灰，部分已蚀变为水云母、石英等新生矿物。

a　橘黄色凝灰岩，富平赵老峪　　　　　　b　凝灰岩玻屑、晶屑，富平赵老峪

图 3-2　平凉组凝灰岩特征

盆地南缘分布的火山凝灰岩成分主要为中－基性火山岩类，属钙碱性系列，在 δ-τ 指数图解上均落入造山带及岛弧火山岩区（图 3-3）。

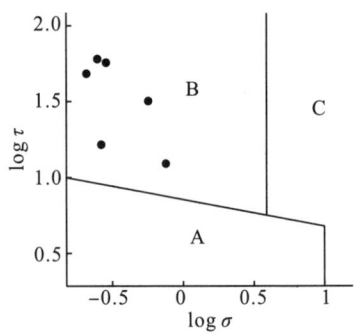

图 3-3　南缘奥陶系火山凝灰岩的里特曼－戈蒂里图解（袁卫国，1995）
A 区．非造山带地区火山岩；B 区．造山带及岛弧火山岩；
C 区．A、B 区的碱性派生物（钠型与 A 有关，钾型与 B 有关）

据近年来秦岭造山带火山岩的研究成果，认为南缘地区发育的火山凝灰岩为北秦岭地区岛弧喷发的产物，表明中晚奥陶世商丹洋向北俯冲，南缘地区已由被动大陆边缘转化为具典型沟、弧、盆体制的活动大陆边缘，这一结论为鄂尔多斯南缘地区中晚奥陶世位于弧后位置、其盆地为弧后盆地的认识提供了佐证。

3.1.2　平凉组地层厚度及其反映的古构造格局

1. 奥陶系乌拉力克组（平凉组下段）地层厚度及其反映的古构造格局

下奥陶统克里摩里组沉积后，加里东运动影响，鄂尔多斯及华北地区基本结束了早古生代海相盆地的演化历史，鄂尔多斯盆地整体抬升为陆，转变成为隆起区，只是在西南缘沉积了乌拉力克组,地震剖面。通过对钻井及露头资料分析,参考地震剖面研究成果(图3-4),中奥陶统地层向盆地方向尖灭,向西部增厚。以鄂7井-盐池-环县-崇信-灵台-宜君-潼关为界限,乌拉力克组及其同期沉积主要分布在鄂尔多斯盆地的西缘和南缘地区,该界线以东和以北地区全部转变成为隆起区(图3-5)。

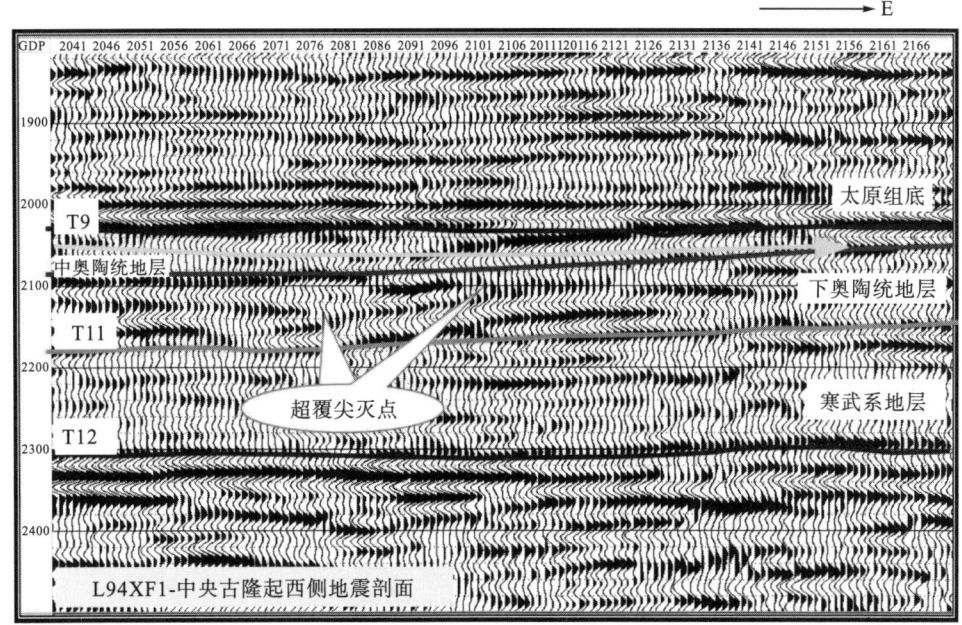

图3-4 L94XF1中央古隆起西侧地震剖面

2. 奥陶系拉什仲组(平凉组上段)地层厚度及其反映的古构造格局

据钻井、野外剖面及地震资料分析,拉什仲组及其同期沉积继承了乌拉力克组,主要分布在鄂尔多斯西缘和南缘地区,古构造格局呈现盆地主体为隆起区,西南缘为沉积区的格局(图3-6)。

3.1.3 平凉组地球化学特征及其构造背景指示

选取鄂尔多斯盆地西南缘中奥陶世平凉期笔石页岩三个典型分区:内蒙古乌海老石旦、甘肃平凉太统山、环县南湫乡石板沟共16件样品,样品分析由西北大学大陆动力学国家重点实验室完成,常量元素在日本产理学RIX2100XRF仪上测定,微量元素和稀土元素在美国产Perkin Elmer公司Elan6100DRC型电感耦合等离子体质谱仪(ICP-MS)上测定。

Bhatia(1991)根据碎屑岩主量元素含量和参数与构造背景的相关性,将其形成构造环境分为大洋岛弧、大陆岛弧、活动大陆边缘和被动大陆边缘,并提出了一系列与构造环境相对应的主量元素特征值。在平凉组SiO_2-K_2O/Na_2O图解中,大多数投点位于被动大陆边缘区(图3-7),个别样品位于活动大陆边缘区,为石板沟拉什仲组样品。

La/Th-Hf源岩属性判别图解(图3-8),投点大多落于长英质和基性岩混合物源区,部分落在安山岩岛弧物源区。

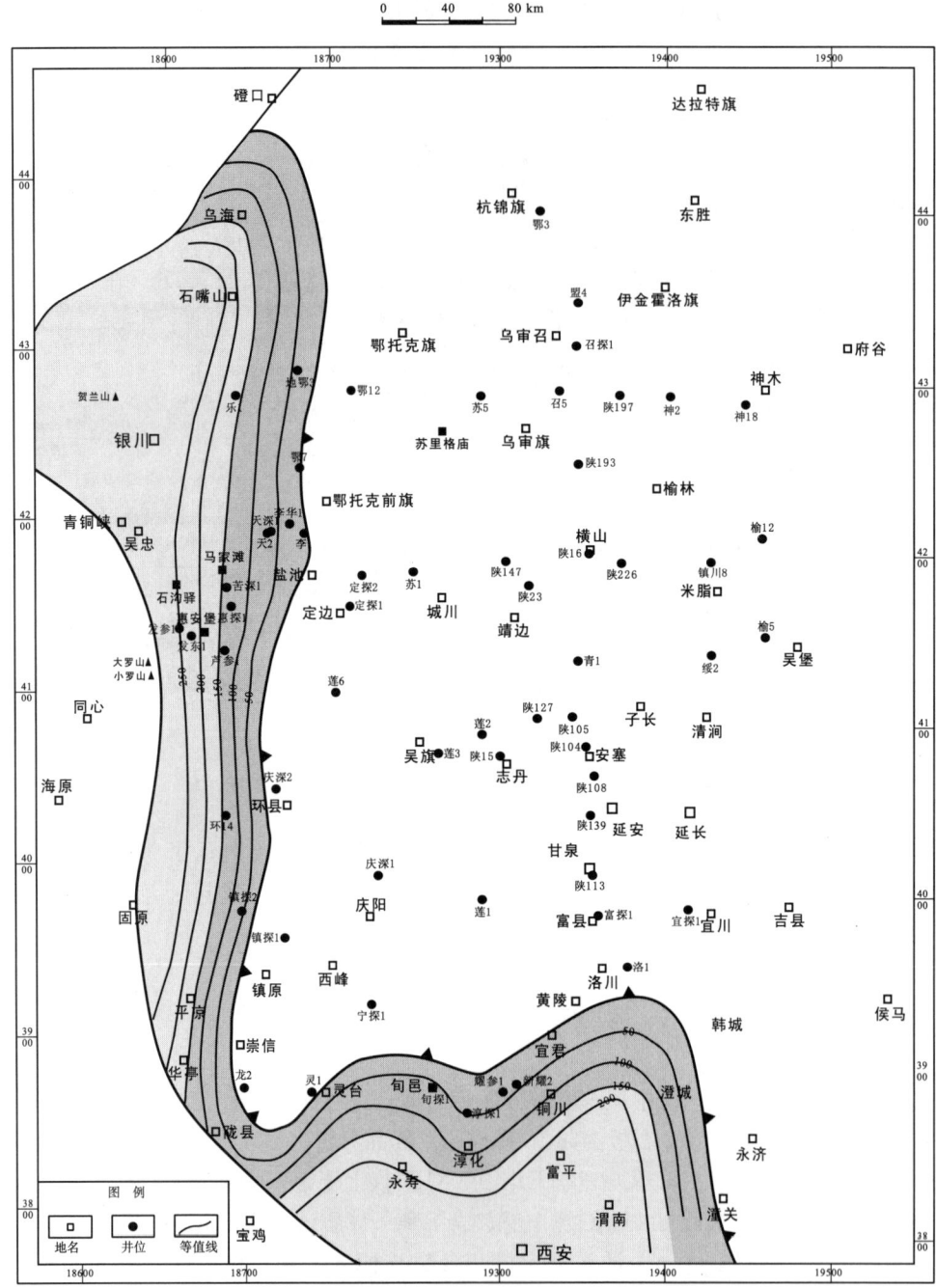

图 3-5 乌拉力克组(平凉组下段)沉积期的古构造格局

第3章 平凉期沉积构造演化

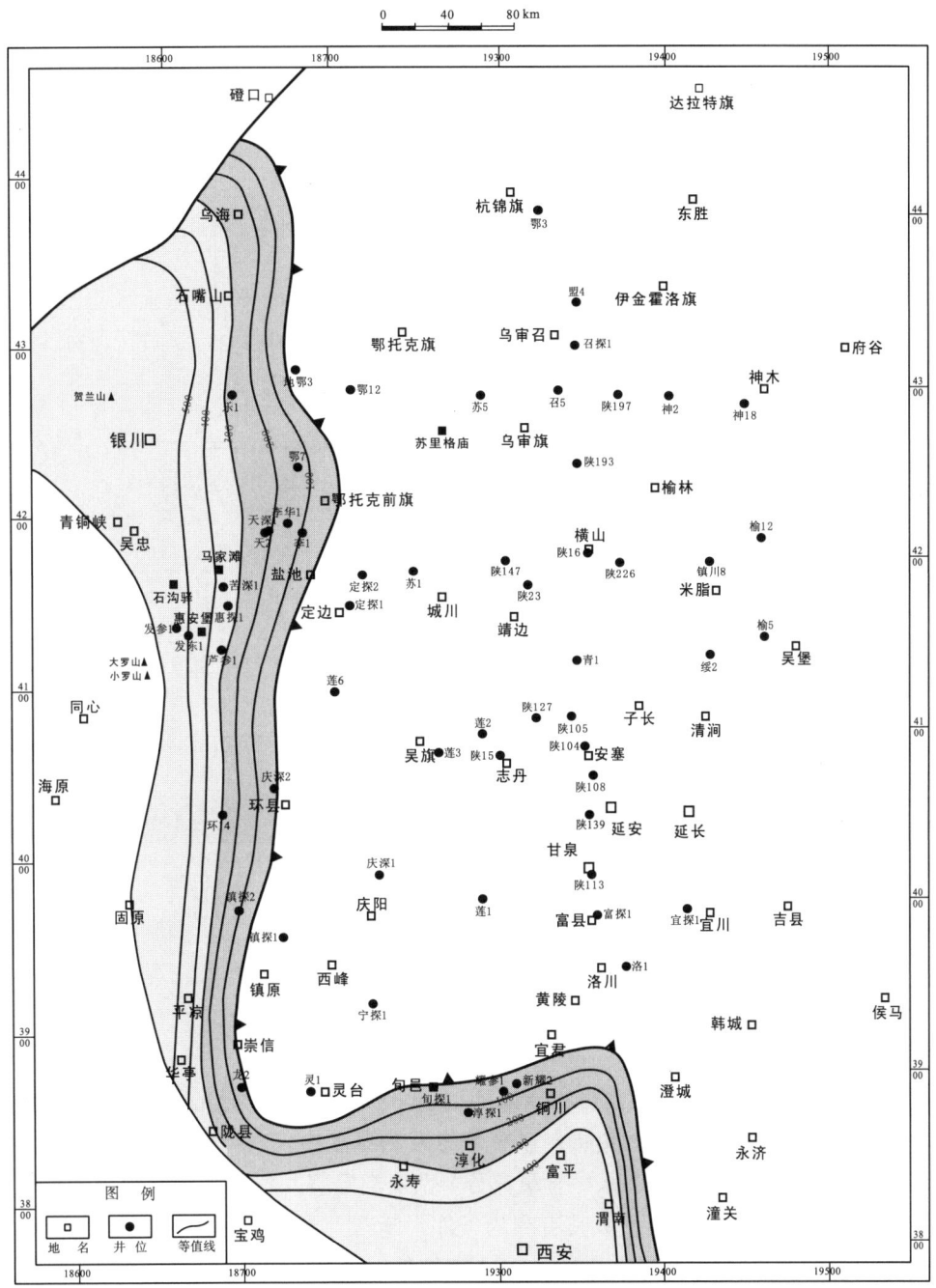

图 3-6 拉什仲组(平凉组上段)沉积期的古构造格局

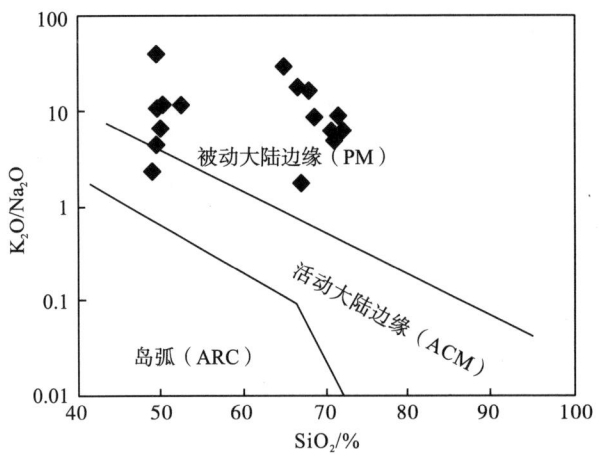

图 3-7 主量元素对构造背景的指示

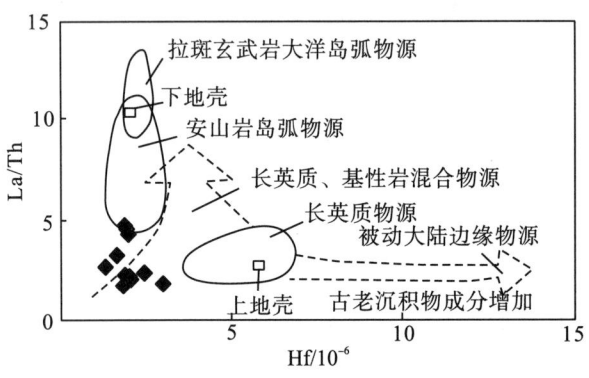

图 3-8 微量元素对构造背景的指示

3.2 鄂尔多斯盆地平凉期沉积演化

3.2.1 平凉期笔石化石分析

笔石动物是一类在奥陶纪生物大辐射时期崛起并扮演重要角色的海洋群体生物,笔石动物主要生活在中-低纬度区热带-亚热带的温热海水中。这可能由笔石动物的摄食等因素所致,在中低纬度区,海水中含氧充分,菌藻类繁盛,各种有机质含量十分丰富,为笔石动物的摄食与生存提供了极其有利的条件,笔石主要是由含 O、N 等杂原子基团的高分子化合物的聚合物蛋白质组成,成熟度较低时是一种极好的成烃母质(张元动,2008;陈旭等,2010;樊隽轩等,2012)。

平凉期笔石主要以聚集式保存在乌拉力克组黑色页岩中。通过对页岩中笔石种类及数量的研究,发现随着笔石数量的增加,TOC 有增加的趋势,含气量也有增加的趋势,因此,笔石对沉积环境及页岩气聚集具有一定意义。本次研究针对性地对惠探1井和平凉银洞官庄平凉组页岩中笔石进行了分析。

1. 惠探1井平凉组笔石化石分析

惠探1井井段4577.66～4579.61m的乌拉力克组灰黑色泥岩样品中采集到大量笔石类化石(表3-1,图3-9),它们均系甘肃平凉市银峒官庄平凉组页岩中常见的笔石类型。因此,乌拉力克组与平凉组应属同一时代的沉积产物。

表3-1 惠探1井钻井岩心笔石化石鉴定表

层位	深度/m	名称	
乌拉力克组	4577.66	甘肃头笔石	*Dicranograptus kausuensis*
		对笔石(未定种)	*Didymograptus* sp.
拉什仲组	4461.48	黏壳虫(未定种)	*Symphysurus* sp.
乌拉力克组	4577.9	对笔石(未定种)	*Didymograptus* sp.
		双笔石(未定种)	*Diplograptus* sp.
乌拉力克组	4579.03	楔形叉笔石	*Dicellograptus sextans*
乌拉力克组	4579.61	圆凸贝(未定种)	*Orbiculoidea* sp.
乌拉力克组	4578.83	双笔石(未定种)	*Diplograptus* sp.
拉什仲组	4354.27	三叶虫尾部	

宁夏同心青龙山酸枣沟剖面的乌拉力克组盛产笔石类,常见笔石有:*Glyptograptus englyphus*, *G. teretiusculus*, *Didymograptus robustus norvegicus*, *D.* cf. *uniformis*, *D. nicholsoni*, *D.* cf. *acutidens*, *Cryptograptus tricornis*, *Pseudoclimacograptus angulatus*, *D.* cf. *acutidens*, *Retiograptus* sp., *Janograptus macilentus*, *J. gracilis*, *Climacograptus angustatus*, *C. pauperatus* 等(据宁夏岩石地层),属于 *Glyptograptus teretiusculus* 笔石组合,时代应属中奥陶世庙坡期。

拉什仲组所产笔石类属 *Nemagraptus gracilis*、*Glyptograptus teretiusculus* 组合带。惠探1井的拉什仲组地层中仅见三叶虫尾部和黏壳虫(*Symphysuras* sp.),据此无法确定其生物组合及其时代。但是,据研究显示,在包括惠探1井在内的桌子山-青龙山一带的拉什仲组普遍盛产笔石(据宁夏岩石地层),其所产笔石均属 *Nemagraptus gracilis* 带;其主要分子是 *Dicellograptus* cf. *sextans*, *Dicranograptus* sp., *Didymograptus* sp., *Leptograptus* sp., *Nemagraptus* sp., *Retiolitidae*, *Diplograptus* sp., *Climacograptus parvus*, *Climacograptus parvus*, *Glyptograptus teretiusculus* var. *kansuensis*。其中 *Nemagraptus gracilis* 多为庙坡阶中上部产物,而 *Glyptograptus teretiusculus* 多为庙坡阶下部产物。因此,拉什仲组的时代应为中奥陶世。

2. 平凉银峒官庄平凉组笔石化石分析

通过对平凉银峒官庄平凉组页岩采样,对笔石化石进行了鉴定分析(图3-10),笔石种类较多,有楔形叉笔石细小变种 *Dicellograptus sextans* var. *exilis*,良好对笔石 *Didymograptus euodus*,箭翎对笔石 *Didymograptus sagitticulis*,双头笔石(未定种)*Dicranograptus* sp.,对笔石(未定种)*Didymograptus* sp.,甘肃双头笔石 *Dicranograptus kansuensis*,箭翎对笔石 *Didymograptus sagitticulis*,小楯栅笔石 *Climacograptus peltifer*,

a 甘肃头笔石 Dicranograptus kausuensis，
对笔石（未定种）Didymograptus sp. 惠探1井，
乌拉力克组，4577.66m

b 对笔石（未定种），Didymograptus sp.，
惠探1井，乌拉力克组，4577.9m

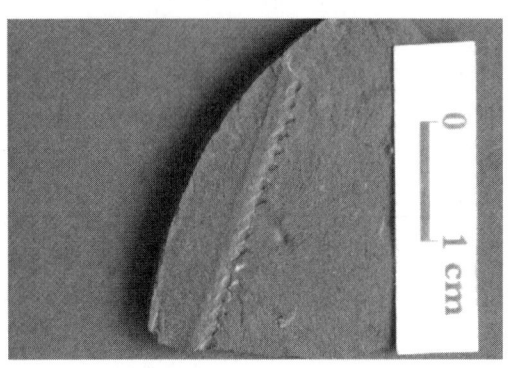

c 双笔石（未定种），Diplograptus sp.，
惠探1井，乌拉力克组，4577.9m

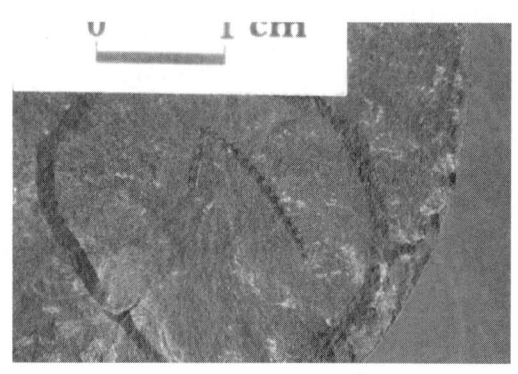

d 楔形叉笔石，Dicellograptus sextans，
惠探1井，乌拉力克组，4579.03m

e 双笔石（未定种），Diplograptus sp.，
惠探1井，乌拉力克组，4579.03m

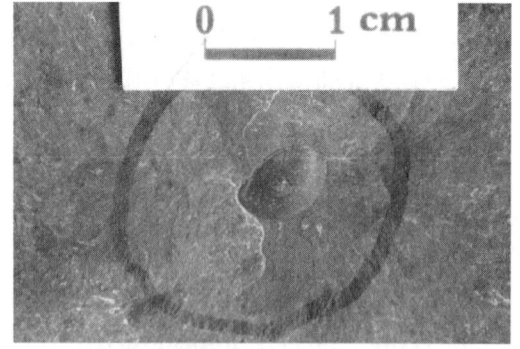

f 黏壳虫（未定种），Symphysurus sp.，
惠探1井，拉什仲组，4461.48m

图 3-9 平凉组页岩笔石类型（钻井样品）

双刺栅笔石 Climacograptus bicornis，雕笔石（未定种）Glyptograptus sp.，枝状双头笔石（相似种）Dicranograptus cf. ramosus，栅笔石（未定种）Climacograptus sp.，叉笔石（未定种）Dicellograptus sp.，枝状双头笔石（相似种）Dicranograptus cf. ramosus，楔形叉笔石细小变种 Dicellograptus sextans var. exilis，细小栅笔石 Climacograptus parvus，瘦小雕笔石 Glyptograptus siccatus 等。

第 3 章 平凉期沉积构造演化

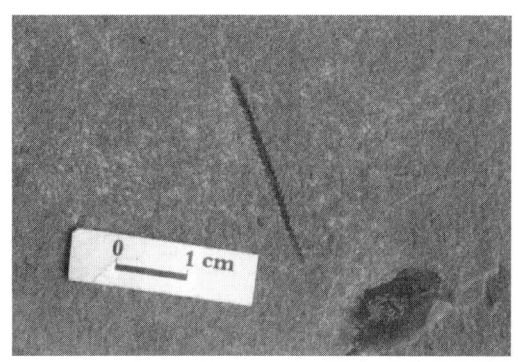

a 良好对笔石 *Didymograptus euodus*
平凉银峒官庄平凉组

b 双头笔石（未定种）*Dicranograptus* sp.，
平凉银峒官庄平凉组

c 箭翎对笔石 *Didymograptus sagitticulis*，
平凉银峒官庄平凉组

d 甘肃双头笔石 *Dicranograptus kansuensis*，
平凉银峒官庄平凉组

e 雕笔石（未定种）*Glyptograptus* sp.，
平凉银峒官庄平凉组

f 栅笔石（未定种）*Climacograptus* sp.，
平凉银峒官庄平凉组

图 3-10 平凉组页岩笔石类型（野外剖面样品）

另外，四川盆地等志留系龙马溪组发育含笔石页岩，前人研究认为水体较深的发育尖笔石、直笔石、叉笔石、锯笔石和栅笔石（图 3-11），水体较浅的为螺旋笔石、弓笔石和耙笔石，也即龙马溪组自下而上笔石种类发生变化，尖笔石、锯笔石、栅笔石、直笔石、叉笔石向螺旋笔石、弓笔石和耙笔石演化（图 3-12）。

a 螺旋笔石，龙马溪组，四川华蓥剖面

b 叉笔石，龙马溪组，重庆南川剖面

c 栅笔石，龙马溪组，重庆南川剖面

d 栅笔石，龙马溪组，湖北活龙坪剖面

图 3-11 龙马溪组页岩笔石类型

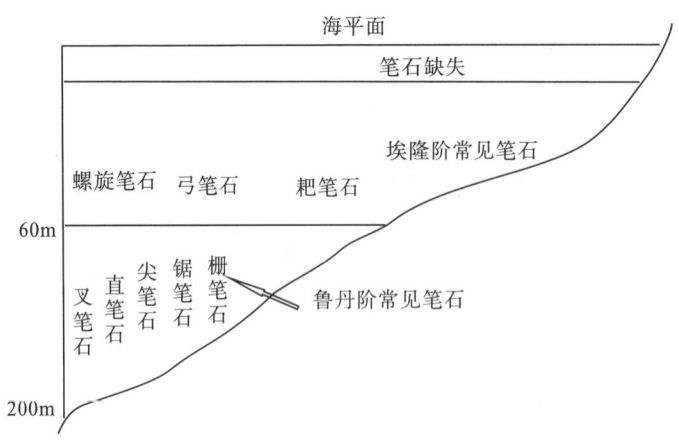

图 3-12 志留系各种生活深度笔石的生活深度（据梁狄刚修改，2009）

3.2.2 平凉组沉积相标志

相标志是指反映沉积相的一些标志，它是相分析及岩相古地理研究的基础，大体可以分为岩性、古生物、地球化学和地球物理特征四种相标志类型。各种相标志必须是原始成因的，反映原始沉积过程的信息。

1. 颜色

颜色是沉积岩最直观、最醒目的标志，一般来说，颜色可分为原生色(继承色和自生色)和次生色。原生色是指自生矿物或母岩机械风化产物原来所具有的颜色。次生色是风化过程中，原生组分发生次生变化，由新生成的次生矿物所造成的颜色。自生色与沉积环境关系密切，如红色、紫色、黄色反映氧化环境，黑色、灰黑色、深灰色反映还原环境，绿色、灰色反映弱氧化-弱还原环境。在应用颜色判断沉积的氧化、还原环境时必须注意区分自生色及次生色。因此岩心颜色的深浅直接反映了沉积时的水体氧化还原环境(赵澄林，2001)。

平凉组下部页岩为黑色页岩；而平凉组上部页岩为灰色、淡黄色、灰绿色。平凉组页岩从下往上颜色逐渐变浅，反映沉积环境的改变。由还原环境向弱还原环境转变，有机质含量自下而上逐渐降低。灰岩在平凉组发育，尤其在南缘及西缘向盆地方向，灰岩主要为灰色、深灰色。

2. 岩石组合类型

岩石组合类型直接反映沉积环境特征，平凉组典型的特征岩石组合类型主要为页岩、粉砂质页岩、粉砂岩、泥灰岩与灰岩组合，乌拉力克组(下平凉)、拉什仲组(上平凉)在不同地区岩石组合类型不同，指示了沉积环境差异，与陆源物源供给及中央古隆起的影响有一定关系。

3. 沉积构造

层理构造是沉积环境解释的重要依据之一，其反映沉积物的搬运机制、古流向、相对水深、流速等特征，如单向的交错层理具有指向特征，能反映沉积物的补给方向。因此，层理构造的识别是沉积相研究的一项重要工作。岩心和野外观察平凉组层理类型有水平层理、小型斜层理、沙纹层理、包卷层理等，乌拉力克组(下平凉)主要见水平层理、复理石沉积(图3-13a、b)，拉什仲组(上平凉)层理类型较多(图3-13c～e)。

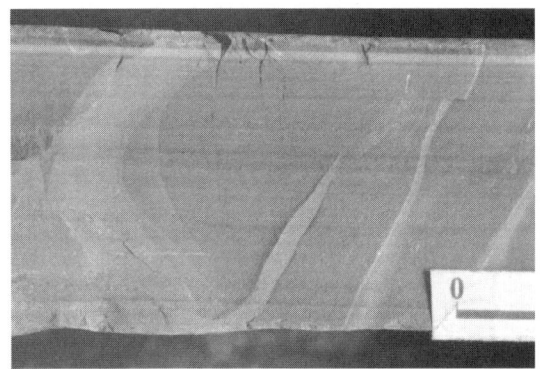

a 水平层理，平凉银峒官庄平凉组

b 深水复理石沉积，惠探1井拉什仲组 4504.74m

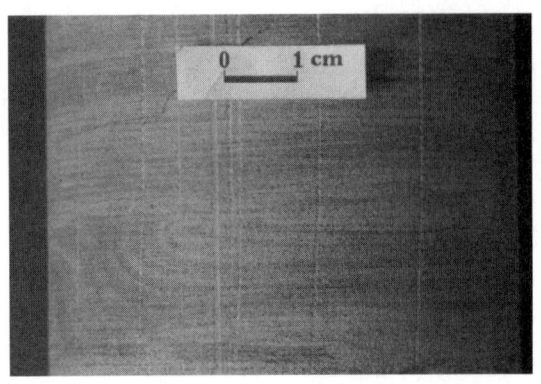

c 包卷层理，惠探 1 井拉什仲组 4297.38m　　　　d 小型沙纹层理，惠探 1 井拉什仲组 4354.56m

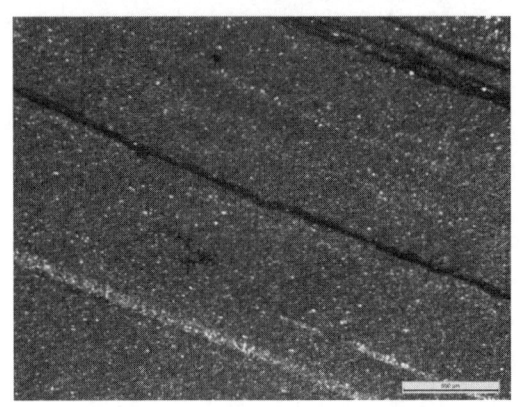

e 小型斜层理，惠探 1 井拉什仲组 4354.12m　　　　f 明暗相间条带，水平层理，胡基台剖面，樱桃沟组

图 3-13 平凉组沉积构造特征

通过平凉期薄片鉴定可见明暗相间条带，为水平层理，暗色的为泥质矿物，明亮的为脆性矿物石英，反映沉积环境的周期性变化（图 3-13f）。

另外，可见底层面构造——槽模构造（图 3-14a），为不连续的舌状凸起，浑圆突起端指示迎水流方向，浊流沉积 A 段典型标志之一。典型浊积岩底面发育的槽模个体一般比较大，然而平凉组的槽模个体较小，说明当时浊流沉积的能量较低。在富平赵老峪剖面薄层灰岩中可见浪成波痕、滑塌构造（图 3-14b、c）。

4. 生物化石和遗迹化石

生物化石和生物遗迹构造不仅可用于鉴定地层的地质年代、划分和对比地层，也是进行沉积环境分析的重要标志之一。平凉组化石类型丰富，乌拉力克组（下平凉）页岩中含有丰富的笔石化石，还有牙形石、几丁虫和放射虫等（图 3-14d），拉什仲组（上平凉）见少量笔石及三叶虫、头足类、腕足类等较笔石浅的生物化石，老石旦剖面见水平虫迹生物遗迹构造（图 3-14e）。

盆地西缘天 1 井–环县以东、南缘陇县–旬邑以北地区，岩石主要有泥晶灰岩、颗粒灰岩等，其中含有丰富的生物化石，有头足类、腹足类、腕足类、棘皮类、绿藻、海百合茎及三叶虫等(图3-14f)。

a 槽模构造,内蒙老石旦拉什仲组

b 浪成波痕,富平赵老峪平凉组

c 薄层灰岩中滑塌构造,富平赵老峪平凉组

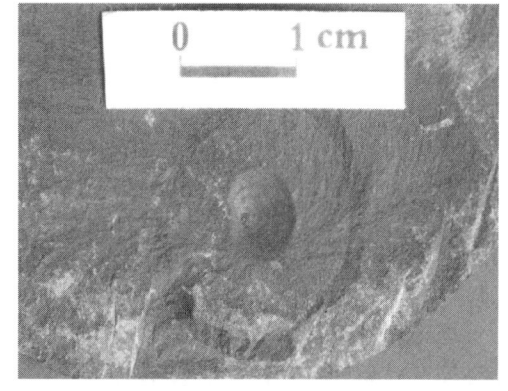

d 圆凸贝(未定种)*Orbiculoidea* sp. 惠探1井乌拉力克组4579.61m

e 水平虫迹,内蒙老石旦拉什仲组

f 礁核,珊瑚骨架岩,生物礁相,永寿磨子沟平凉组

图3-14 平凉组沉积与古生物特征

3.2.3 惠探1井单井平凉组沉积相分析

1. 盆地平原相（深水原地沉积）

盆地平原相的环境特点是水体循环相对较差，基本上为静水缺氧环境，由于缺氧使得任何底栖生物不能生存，而过多的是浮游的笔石死亡后沉积于海底而形成独特的笔石页岩相。

惠探1井的盆地平原相主要发育于乌拉立克组和拉什仲组下岩段和中岩段，其井段为4354~4617m，相带厚度为263m。

1) 岩石类型及组成

惠探1井的盆地平原相主要是由灰黑色泥岩、深灰黑色灰岩和浅灰色薄层石灰岩组成的韵律层，夹深海凝灰质泥岩。其中灰黑色泥岩和泥灰质岩屑细粉岩的累积厚度为175.62m，占地层厚度的33.22%。它以不发育细砂岩、中砂岩、粗砂岩和白云岩为特点。常见岩石类型有灰黑色泥岩、钙质泥岩、泥灰质细粉砂岩、泥晶灰岩等，其特点为在钻井剖面上呈韵律层状出现，具典型的盆地平原相原地沉积特征。

2) 沉积构造

水平层理、水平显微层理、薄韵律层理为其基本沉积构造。与上覆碎屑型浊积岩相带的区别是小型交错层理、小型包卷层理并不发育。

3) 古生物特征

惠探1井的盆地平原相地层中的古生物面貌与下伏各岩相带的面貌完全不同。它以发育笔石群为其特点，并形成笔石页岩相。岩心与岩石薄片中均不见腕足、腹足、头足类等底栖生物群出现，而常见少量代表深水环境的放射虫颗粒。因此，惠探1井的乌拉力克组与拉什仲组中下部属于一种水流不畅，还原作用强的深水盆地环境。同时，区域上拉什仲组中下部 Nereites 遗迹化石相的广泛发育，也代表了深海沉积环境，即盆地平原相。

4) 测井相特征

惠探1井盆地平原相的测井响应特征与下伏克里摩里组完全不同（图3-15，图3-16），主要特点如下。

(1) 自然伽马曲线呈中-高值，曲线形态变化较大。在乌拉力克组与拉什仲组下岩段以幅度较小的锯齿状为主，局部呈尖峰状和指状，是典型的泥岩-灰岩薄互层状的测井响应特征（图3-15），拉什仲组中岩段自然伽马曲线成小幅度波状起伏是典型的盆地平原相的测井响应特征（图3-16）；

(2) 自然电位曲线基本平直；

(3) 乌拉力克组与拉什仲组下岩段的声波曲线形态基本一致，以锯齿状为主，局部呈尖峰状或指状。拉什仲组中岩段的声波曲线呈极小幅度的波状起伏，是单一泥岩段的测井响应特征（图3-16）；

(4) 井径曲线呈锯齿状；

(5) 双侧向电阻率曲线其中乌拉力克组与拉什仲组下岩段的曲线有差异：呈中-高

值，曲线形态呈指状－锯齿状；拉什仲组中岩段曲线呈开阔低缓波状起伏。

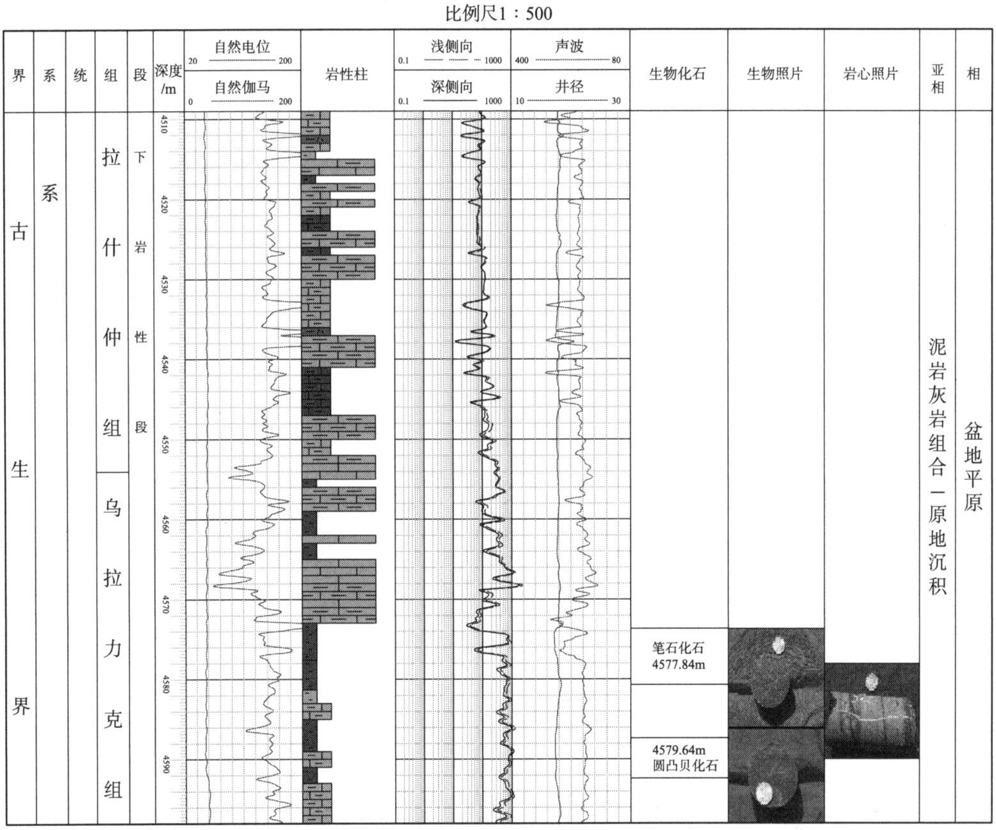

图 3-15 惠探 1 井盆地平原相泥岩－灰岩组合的测井响应特征

2. 盆地平原碎屑型浊积岩相

1) 岩石类型及组成

惠探 1 井的盆地平原碎屑浊积岩相主要发育于拉什仲组上段下部，井段 4227～4354m，厚度为 127m。与下伏深水陆棚灰质泥岩相比较，该碎屑岩浊积岩系以发育适量粉砂岩为特点，粉砂岩累计厚度为 21m，占地层厚度的 16.53%，灰岩类累计厚度 16m，占地层厚度的 13.00%，其余为泥岩或灰质泥岩，累计厚度为 90m，占地层厚度的 70.87%。粉砂岩与泥岩的数量之比为 0.233，远小于 1。纹层状泥粉晶灰岩中发育相当数量的砂屑。总之，它以不发育细砂岩、中砂岩、粗砂岩为特征。在剖面上，单调的砂泥岩互层，极少的砂岩/泥岩比值，以及以细粒状砂岩为主，而不发育中粗砂岩的岩相特征，反映它们是典型的远源浊流或低密度浊流环境内的堆积物。

2) 沉积构造

惠探 1 井岩心剖面可见粉砂岩与泥岩呈单调韵律重复出现，或呈小型不完整鲍马序列形式出现。小型包卷层理、小型斜层理和小型沙纹层理为其常见沉积构造型式。这些沉积与层理构造均为盆地平原浊积相的基本特征。因此，惠探 1 井下古生界发育盆地平原相的浊积岩是毫无疑问的，它们属于远源浊流或低密度浊流环境的堆积物。

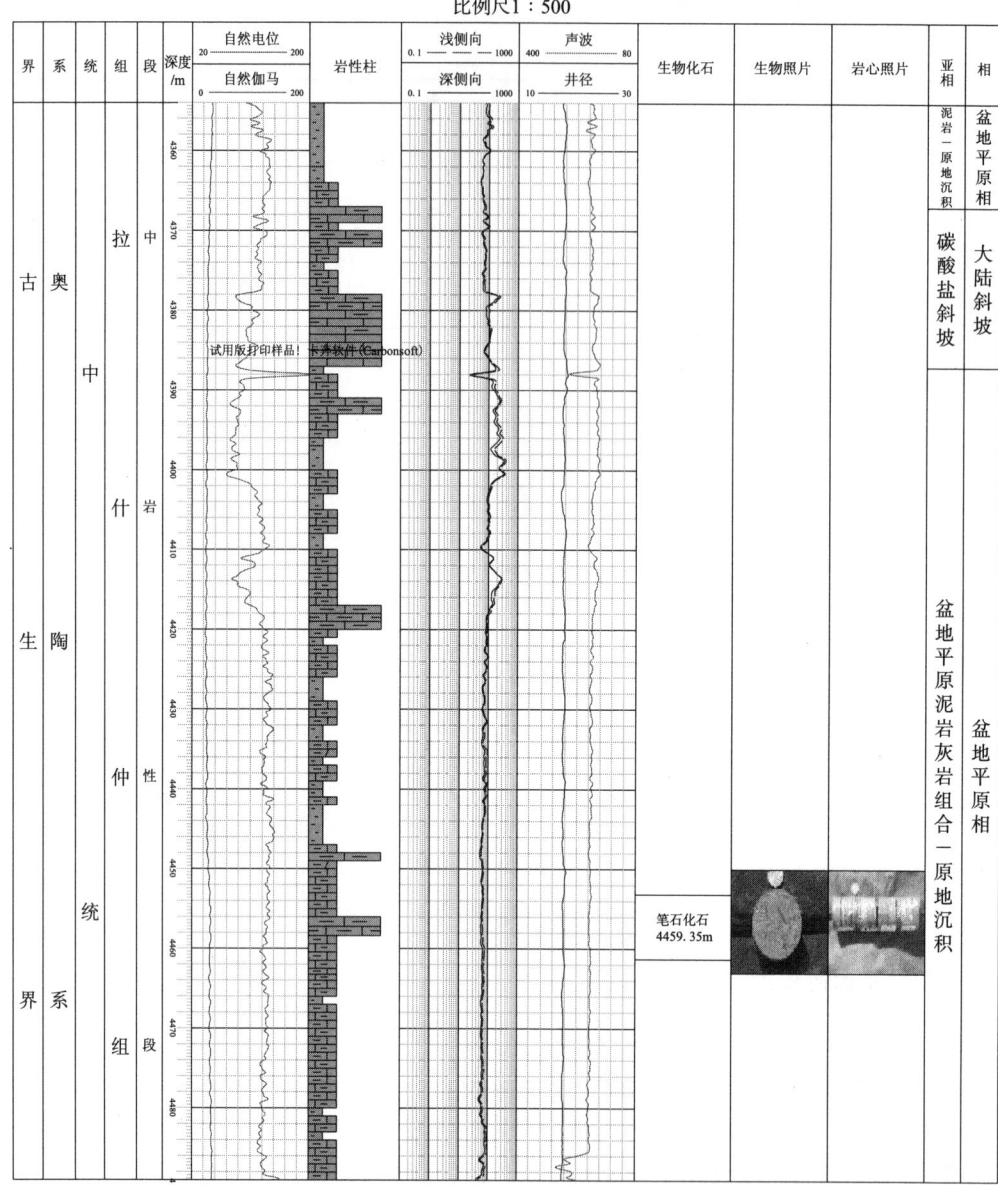

图 3-16 惠探 1 井盆地平原相泥岩组合测井响应特征

3）古生物特征

岩石薄片中可见少量三叶虫、介形虫、棘屑、腹足类生物碎屑，且生物碎屑具定向性，属异地搬运的产物。

4）测井相特征

自然电位曲线基本平直、自然伽马曲线呈中值、锯齿状；声波曲线呈锯齿状，局部呈小尖峰状；双侧向电阻率曲线呈锯齿状，起伏相对较小；井径呈不规则锯齿状（图 3-17）。

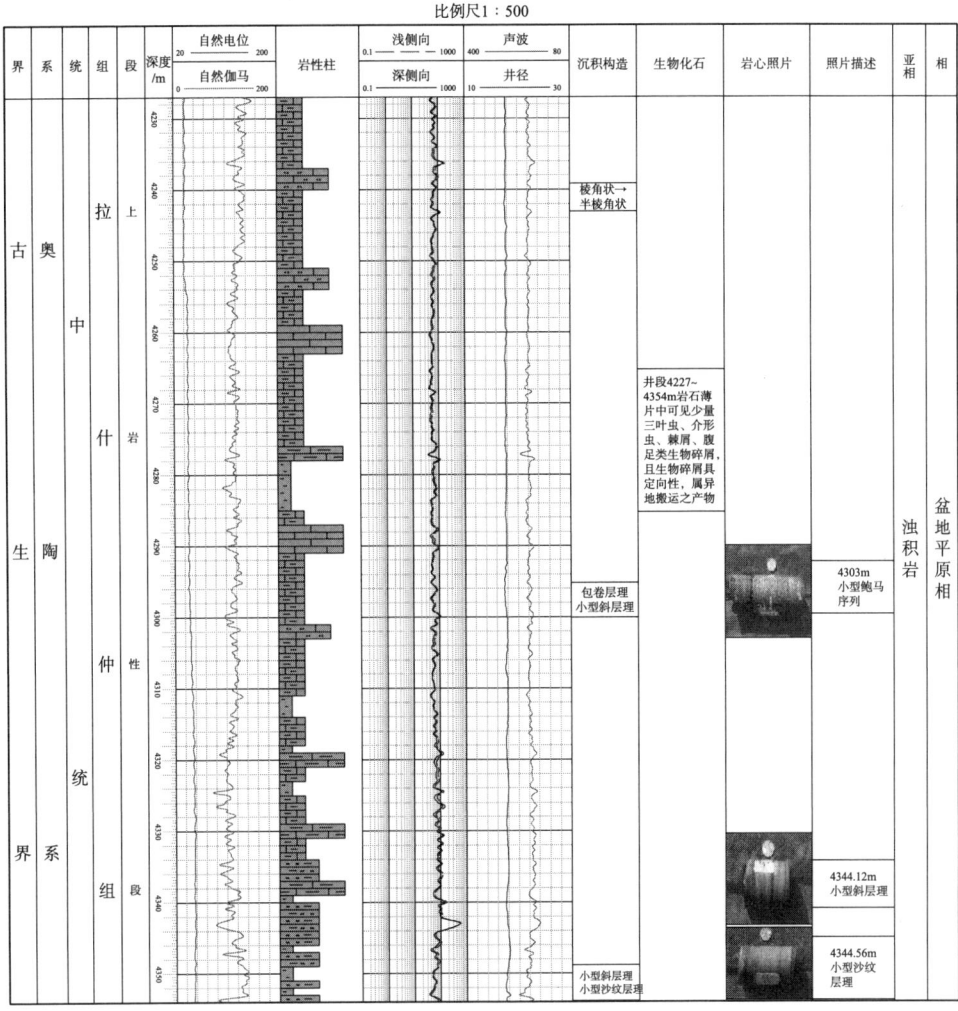

图 3-17 惠探 1 井盆地平原浊积岩相的测井响应特征

3. 碎屑岩斜坡相

碎屑岩斜坡是大陆斜坡上以碎屑岩沉积为主体的一种沉积环境。它是指陆棚以外向深海平原方向倾没的相对较陡的斜坡。大陆坡的典型沉积是半远洋的泥质及钙质沉积，其中含陆源粉砂较高，也可以含少量的细砂。惠探 1 井拉什仲组上段上部岩系属碎屑岩型斜坡环境内的堆积物。

1) 岩石类型及组成

井段 4124～4227m，厚度为 103m。惠探 1 井的碎屑岩斜坡相主要由灰质粉砂岩和灰质泥岩组成，其中灰质粉砂岩累计厚度 80m，占地层总厚度的 77.67%，灰质泥岩累计厚度 23m，占地层厚度的 22.33%。粉砂岩与泥岩含量的比值为 3.47，远大于 1。但是，该相带未见细砂岩、中砂岩和粗砂岩。以薄层粉砂岩为主体的岩石组合是碎屑岩斜坡相的典型岩性组合形式。岩石成分中石英含量约占 60%～65%，灰质含量约占 30%，余者为暗色矿物及其他。

2)测井相特征

碎屑岩斜坡相的测井响应特征不同于下伏盆地平原浊积岩相。自然伽马曲线呈不规则锯齿状－箱状组合;声波曲线呈不规则锯齿状－箱状,较下伏岩相带幅度明显偏大;双侧向曲线呈不规则锯齿状－峰峦状,较下伏岩相带,幅度偏大(图3-18)。

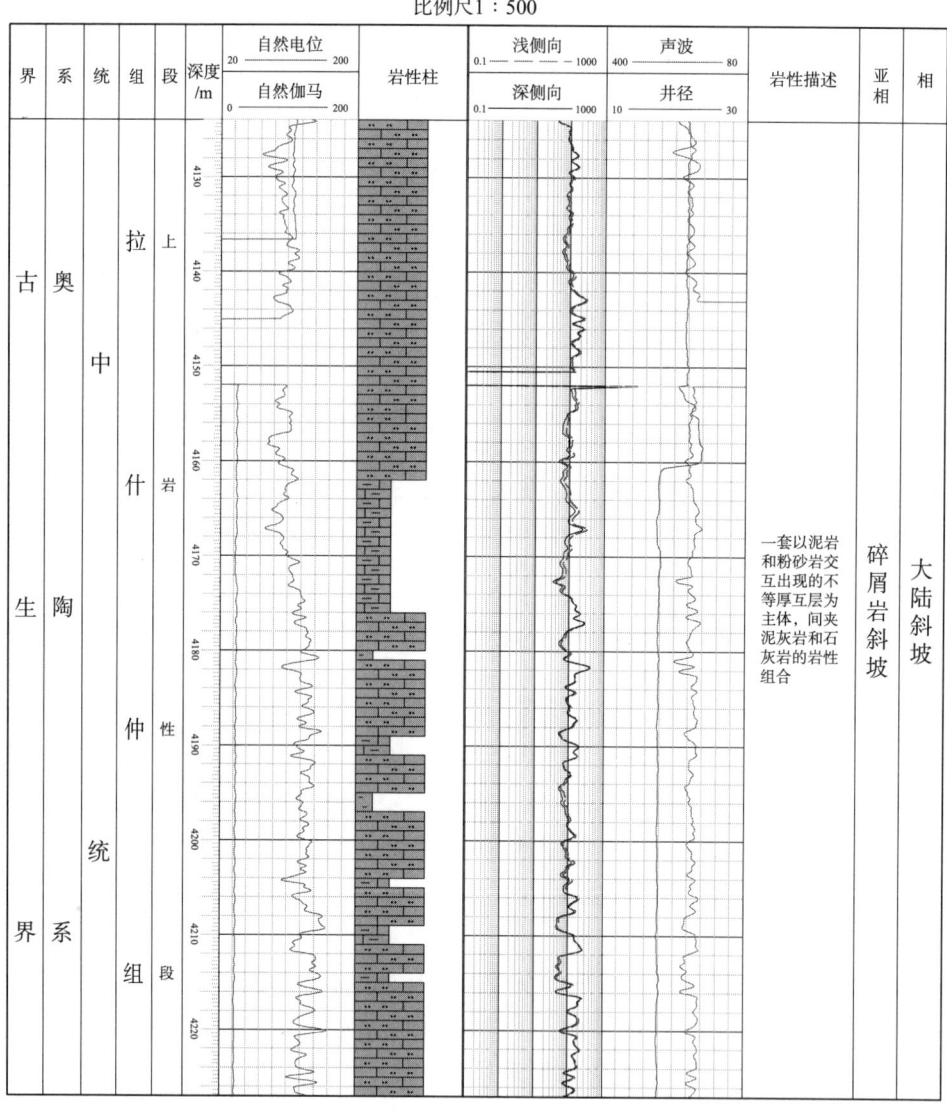

图3-18 惠探1井碎屑岩斜坡相的测井相响应特征

惠探1井总体分析,以乌拉力克组－拉什仲组下岩段盆地相为界,其下是碳酸盐台地沉积体系,从三山子期到乌拉力克期是惠探1井区大规模海侵过程,先后经历了碳酸盐台地到盆地平原(深海平原)的沉积演化过程;从拉什仲组下岩段到拉什仲组上岩段的沉积过程是一次不完整的大规模海退过程,经历了从盆地平原(深海平原)到大陆斜坡(碎屑岩斜坡)的沉积演化过程。因此,惠探1井的早古生代是一个不完整的海平面上升－下降旋回,最大水深在乌拉力克组和拉什仲组的黑色笔石页岩段。

3.2.4 平凉组岩相古地理

中奥陶世平凉期鄂尔多斯及华北地区基本结束了早古生代海相盆地的演化历史,加里东运动使鄂尔多斯盆地整体抬升为陆,遭受风化剥蚀。中奥陶世平凉期,鄂尔多斯本部已成为一个统一的古陆,唯在西缘和南缘仍然接受沉积(图3-19)。

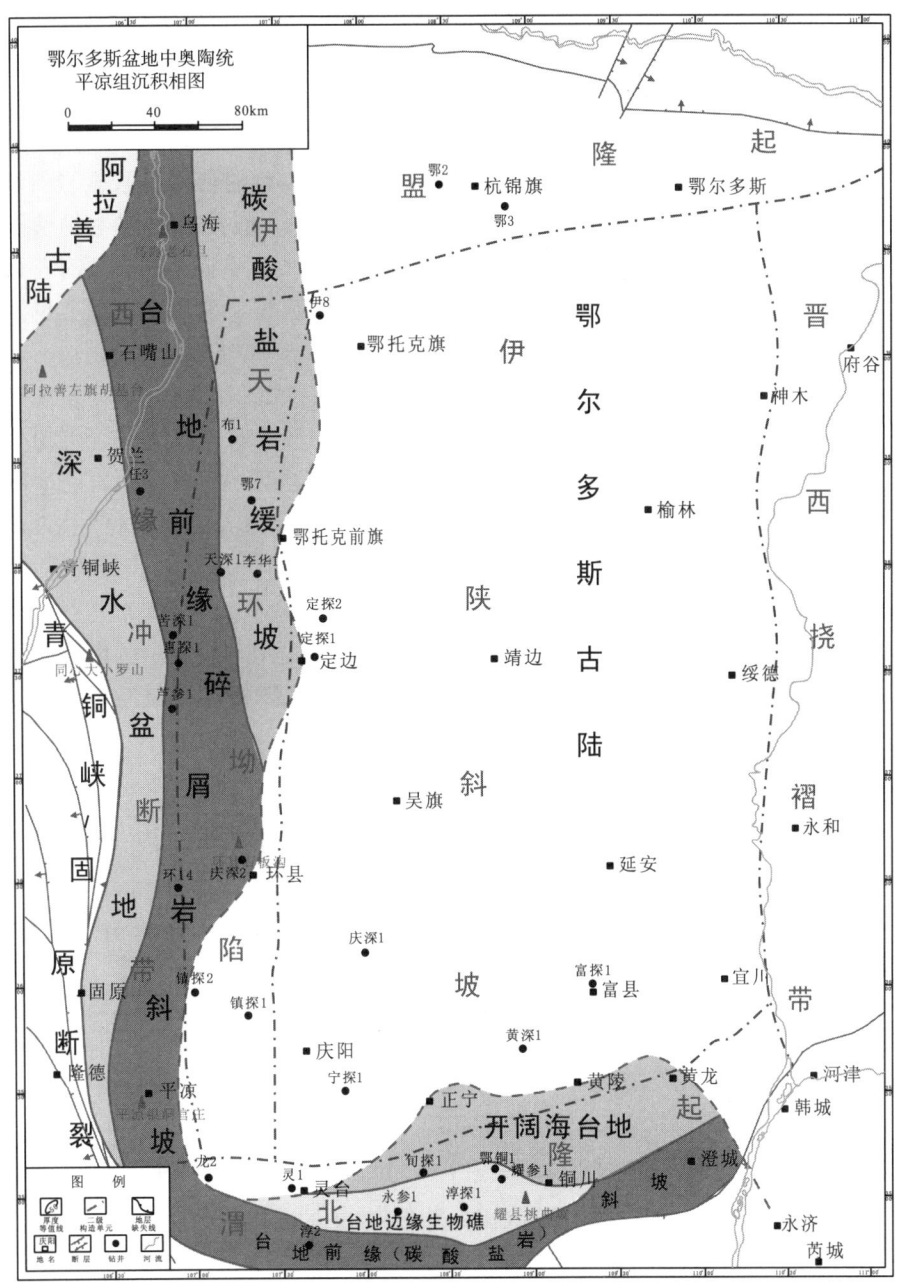

图3-19 鄂尔多斯盆地下古生界平凉期岩相古地理

西缘桌子山至环 14 井一带沉积厚度一般为 256~700m，贺兰山中段沉积厚度最大可达 1000 余米。南缘铁瓦殿一带沉积厚度达到 800m 以上，淳探 1 井一带为 400~500m。平凉期主要发育开阔海台地、台地边缘滩-礁、台地前缘斜坡及深水盆地相。

平凉期沉积相展布见图 3-19，在不同的区域其相带有一定变化，天深 1 井到定探 1 井之间主要发育开阔海台地沉积，岩性以碳酸盐岩为主，主要有泥晶灰岩、颗粒灰岩等；而向西自乌海-任 3 井-马家滩-环 14 井-平凉-陇县一带，为台地前缘碎屑岩斜坡沉积，主要发育盆地浊积岩和笔石页岩沉积，乌拉力克组以黑色页岩为主，夹薄层灰岩，页岩中含有丰富的笔石化石，为斜坡下部安静的深水环境沉积；拉什仲组以灰绿色砂岩和页岩韵律沉积为主体，向上过渡为粉砂质泥岩、泥质粉砂岩、薄板状泥灰岩及泥岩，含有笔石及三叶虫化石，为深水斜坡环境；反映了水体变得更浅；向西进入深水盆地相沉积（图 3-20、图 3-21）；南缘平凉期主要为开阔海台地、台地前缘碳酸盐岩斜坡、台地边缘生物礁沉积，如富平赵老峪发育碳酸盐重力流沉积、耀县桃曲坡生物礁沉积，陇县-旬邑-铜川-永寿，为一窄带，发育规模不大的生物滩。造礁生物主要有苔藓虫、层孔虫及珊瑚。在磨子沟见到了生物礁塌积岩，具有好的礁核与礁翼，在耀县也发现了较好的生物礁-滩相。

高振中等(1995)、刘成鑫等(2005)在对鄂尔多斯西缘沉积相研究中，发现等深流沉积，主要分布于平凉地区的平凉组中，陇县剖面也有少量分布。其等深岩可划分为砂屑等深岩、粉屑等深岩、灰泥等深岩和生物屑等深岩四种类型。经典等深岩层序剖面上构成特征的细-粗-细层序，由五个段组成，每个层序代表等深流活动的弱-强-弱的周期性变化。这种层序可以是五段完整的，也可以是不完整的，常见缺失第 2 段或第 4 段（图 3-22）。

美国沃斯堡盆地 Barnett 页岩主要形成于深水斜坡-盆地环境，中国南方下志留统龙马溪组、下寒武统牛蹄塘组页岩属深水陆棚沉积，沉积规律极具相似性，鄂尔多斯盆地下古生界平凉组泥页岩沉积规律与其有一定相似性。

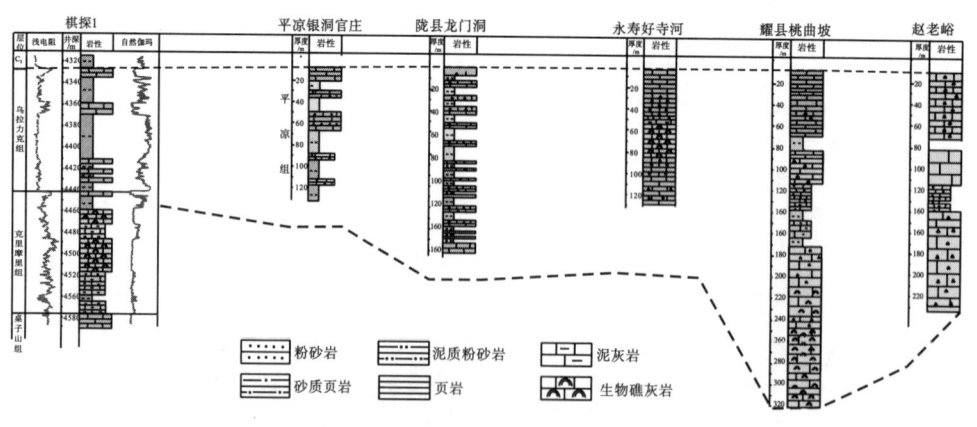

图 3-20 盆地西缘-南缘平凉组连井剖面

第3章 平凉期沉积构造演化

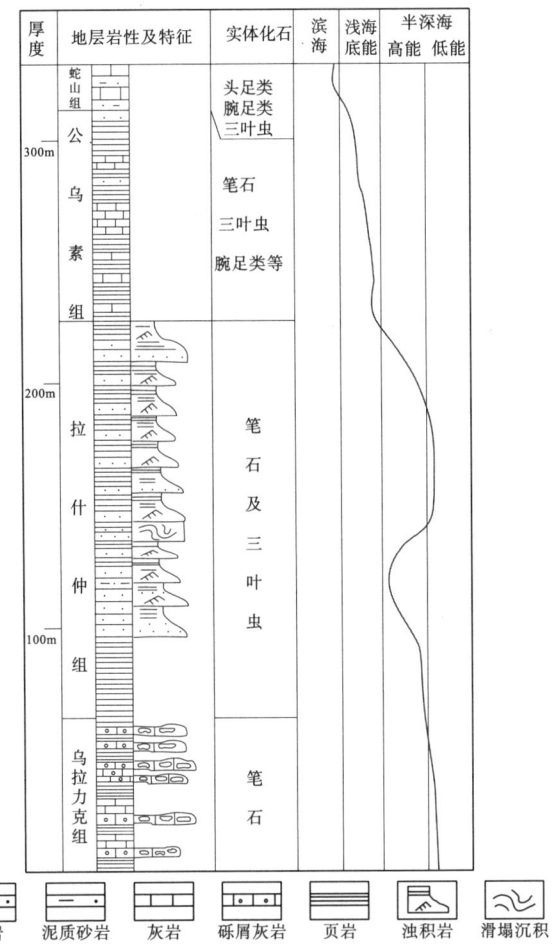

图 3-21 桌子山地区中奥陶统发育及环境解释（据李文厚，2009修改）

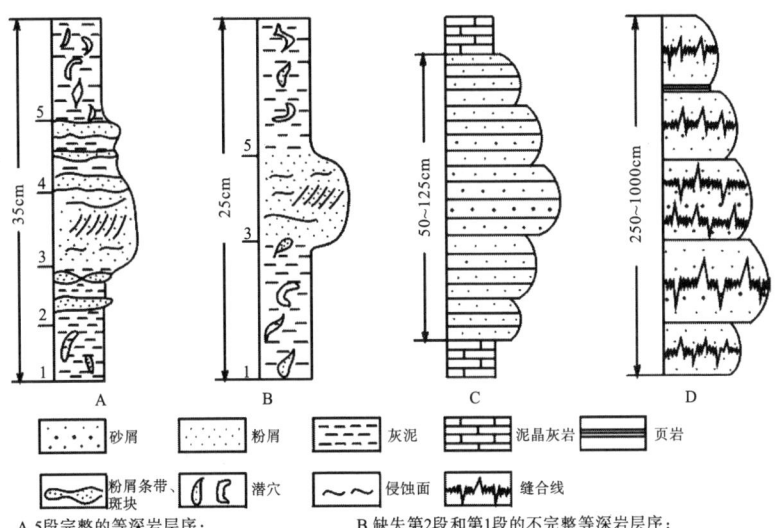

A.5段完整的等深岩层序；
C.山中层状砂屑等深岩叠置构成的层序；
B.缺失第2段和第1段的不完整等深岩层序；
D.山厚层状且缝合线的亮晶砂屑等深岩叠置构成的层序；

图 3-22 等深岩层序（据高振中等，1995）

第 4 章　平凉期页岩气富集地质条件

页岩气指赋存于富有机质泥页岩及其夹层中，以吸附和游离状态为主要存在方式的烃类气体，为非常规油气资源。含气页岩层系为有直接或间接证据表明页岩含气，并可能具有工业价值页岩气聚集的页岩层系，包括页岩、泥岩及其夹层。

通过对盆地西缘、南缘野外剖面的调查和钻井岩心的观察以及沉积环境的分析，认为下古地层可能含有的富有机质含气页岩主要发育于中奥陶统平凉组地层，且下平凉组（乌拉力克组）的品质好于上平凉组（拉什仲组）；从野外剖面和钻井的对比来看，平凉组富有机质页岩发育范围应该主要以盆地西缘天环凹陷以西及天环凹陷西缘为主，盆地南缘不发育。纵向上平凉组页岩自下而上颜色由深变浅，笔石含量变少，有机质含量越来越低。

4.1　平凉组页岩野外剖面调查

4.1.1　乌海老石旦剖面

该剖面位于盆地西缘北段乌海市海南区老石旦镇至拉僧庙镇，起点坐标为北纬39°21′09″，东经106°53′27″，海拔为1203m。该剖面出露克里摩里组、乌拉力克组（下平凉组）和拉什仲组（上平凉组）地层，地层之间均为整合接触（图4-1），乌拉力克组、拉什仲组为深水海槽沉积体系和台地前缘斜坡沉积体系。乌拉力克组主要发育黑色笔石页岩和深灰色笔石页岩，其中黑色笔石页岩页理发育，富含丰富的笔石化石，深灰色笔石页岩单层厚一般为1~10mm（图4-1、4-2）；该剖面细测黑色笔石页岩累计厚度约19.3m，深灰色笔石页岩厚度约15.3m，其中富有机质页岩厚度为35m左右（图4-3）。拉什仲组主要为一套黄绿色页岩、粉砂质页岩、泥质粉砂岩组合（图4-1），页岩有机质含量低；发育有水平虫迹、底部冲刷模等构造。

4.1.2　平凉太统山（银洞山庄）剖面

平凉太统山剖面位于平凉市太统山，定点坐标为北纬35°29′27″，东经106°36′06″，海拔为1726m。该剖面主要实测平凉组地层，实测部分厚度约33m（图4-4）。岩性以灰黑色笔石页岩为主，夹薄-中层（泥质）粉砂岩，富含笔石、三叶虫、牙形石等化石（图4-5）；该套页岩层系总体上厚度大、岩性稳定，为深水盆地相沉积。

第4章 平凉期页岩气富集地质条件

a 乌拉力克组与下伏克里摩里组整合接触，老石旦剖面

b 乌拉力克组发育黑色笔石页岩，老石旦剖面

c 乌拉力克组发育黑色页岩、笔石页岩，老石旦剖面

d 拉什仲组发育黄绿色粉砂质页岩，老石旦剖面

图 4-1 平凉组地层特征

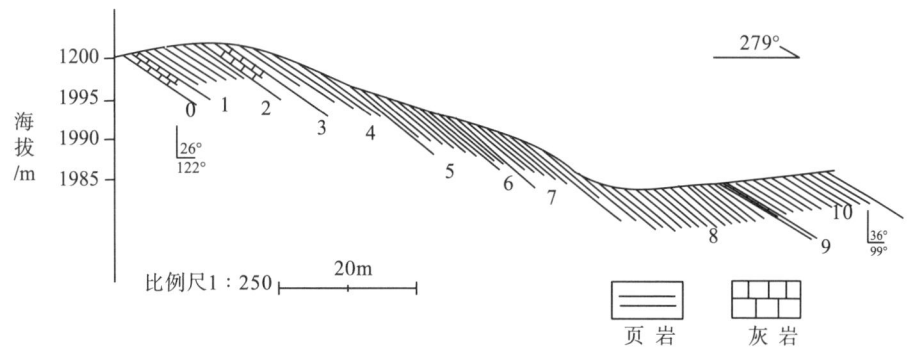

图 4-2 乌海老石旦剖面乌拉力克（下平凉组）组实测剖面图

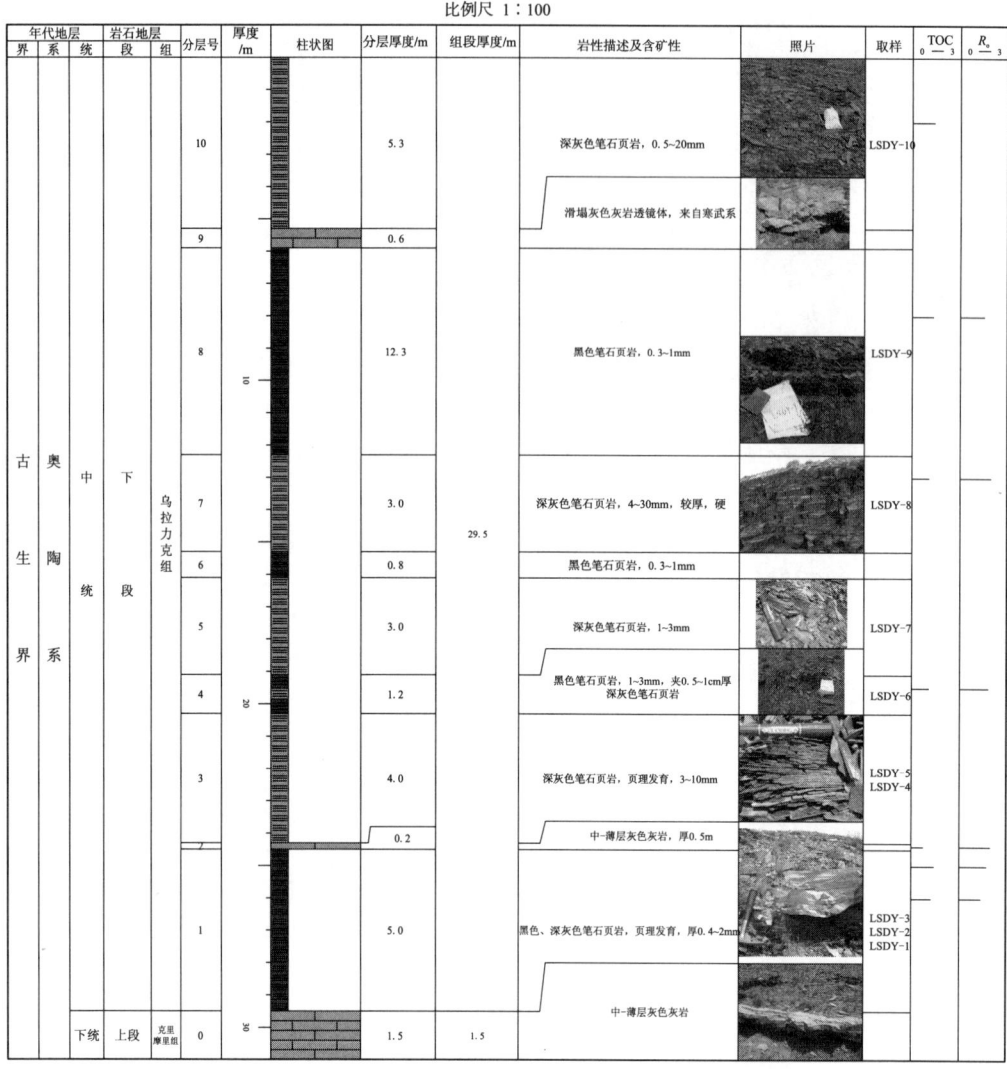

图 4-3 乌海老石旦剖面乌拉力克(下平凉组)组地质剖面

4.1.3 环县南湫乡石板沟剖面

环县南湫乡石板沟剖面位于盆地西南缘甘肃环县小南沟乡向北约 20km 的石板沟,定点坐标为北纬 36°45′37″,东经 106°42′28″,海拔 1617m。剖面出露地层陡倾,倾角可达 54°;剖面上覆地层为姜家湾组,拉什仲组自下而上页岩厚度逐渐变薄,粉砂岩逐渐增多,拉什仲组上部所夹砂岩层单层厚度可达 20cm;出露的拉什仲组(上平凉组)为一套黄绿色钙质页岩、粉砂质页岩与薄层粉砂岩互层的岩性组合(图 4-6)。

第4章 平凉期页岩气富集地质条件

比例尺 1:100

图 4-4 平凉太统山（银峒山庄）剖面平凉组地质剖面

a 平凉组下部灰黑色笔石页岩，平凉太统山剖面

b 平凉组中上部页岩与粉砂质页岩、粉砂岩及薄层灰岩互层，平凉太统山剖面

图 4-5 平凉组页岩地层特征

a 拉什仲组灰绿色粉砂质页岩与薄层粉砂岩互层，石板沟剖面　　b 拉什仲组顶部黄绿色钙质页岩与中层灰绿色砂岩互层，石板沟剖面

图 4-6　拉什仲组组页岩地层特征

4.1.4　阿拉善左旗胡基台剖面

阿拉善左旗胡基台剖面位于盆地西缘北段内蒙古境内阿拉善市金星大队东约 3km 位置，定点位置为北纬 38°46′29″，东经 105°47′51″，海拔为 1870m。观测层位主要为下奥陶统樱桃沟组，层位相当于乌拉力克下部的克里摩里组和盆地内的峰峰组；该套地层笔石粉砂质页岩出露范围较小，单层厚度一般为 10～25cm，含笔石粉砂质页岩与粉砂岩呈互层状产出（图 4-7）。

图 4-7　含笔石粉砂质页岩与粉砂岩互层，胡基台剖面樱桃沟组

4.1.5　宁夏小罗山剖面

宁夏小罗山剖面位于盆地西缘中段宁夏盐池县惠安堡小罗山，定点坐标为北纬 37°13′35″，东经 106°18′30″，海拔为 1801m。该套地层主要出露米钵山组地层（时代对应盆地平凉组），该剖面富含笔石页岩层系发育程度变低，一般呈不超过 30cm 厚度夹层出露在板岩、粉砂岩内（图 4-8a）。

4.1.6 耀县桃曲坡剖面

耀县桃曲坡剖面位于盆地南缘耀县桃曲坡，主要出露于桃曲坡组地层（相当于南缘平凉组之上的背锅山组），桃曲坡组页岩发育程度低，有机质含量贫乏，主要呈夹层出露于灰岩层内（图4-8b）。

　　a 含笔石粉砂质页岩，小罗山米钵山组　　　　　　b 薄层笔石页岩，耀县桃曲坡组

图4-8 平凉期页岩地层特征

4.2 下古生界平凉组单井剖面

通过对钻遇下古典型钻井惠探1井（位于盆地西缘中段）、任3井（位于盆地西缘北段）和棋探1井等进行了岩心观察和综合剖面的绘制，得出以下结果。

惠探1井钻遇中奥陶统拉什仲组430m（井段4124～4454m），泥岩累计厚度254.62m，占地层总厚度的59.2%，岩性主要为灰色、深灰色泥岩和灰质泥岩；钻遇中奥陶统乌拉力克组63m（井段4554～4617m），其中泥岩累计厚度34m，占地层总厚度的54%，岩性主要为深灰色、灰黑色泥岩和灰色、深灰色灰质泥岩，富含有机质（图4-9）。

任3井钻遇拉什仲组311m（井深1220～1531m），其上部为灰绿色砂质页岩、泥质灰岩，下部为灰色灰岩，砂质灰岩夹白色粉砂岩，含笔石和腕足化石；钻遇乌拉力克组29m（井深1531～1560m），岩性以黑色页岩夹少量灰色灰岩为主，页岩质纯，有机质含量高，属闭塞海湾沉积（图4-10）。

棋探1井乌拉力克组厚114m，岩性主要为泥灰岩、含灰泥页岩和灰质泥岩，顶部可见腕足、双壳类及三叶虫等化石碎片，底部为笔石泥页岩（图4-11）。

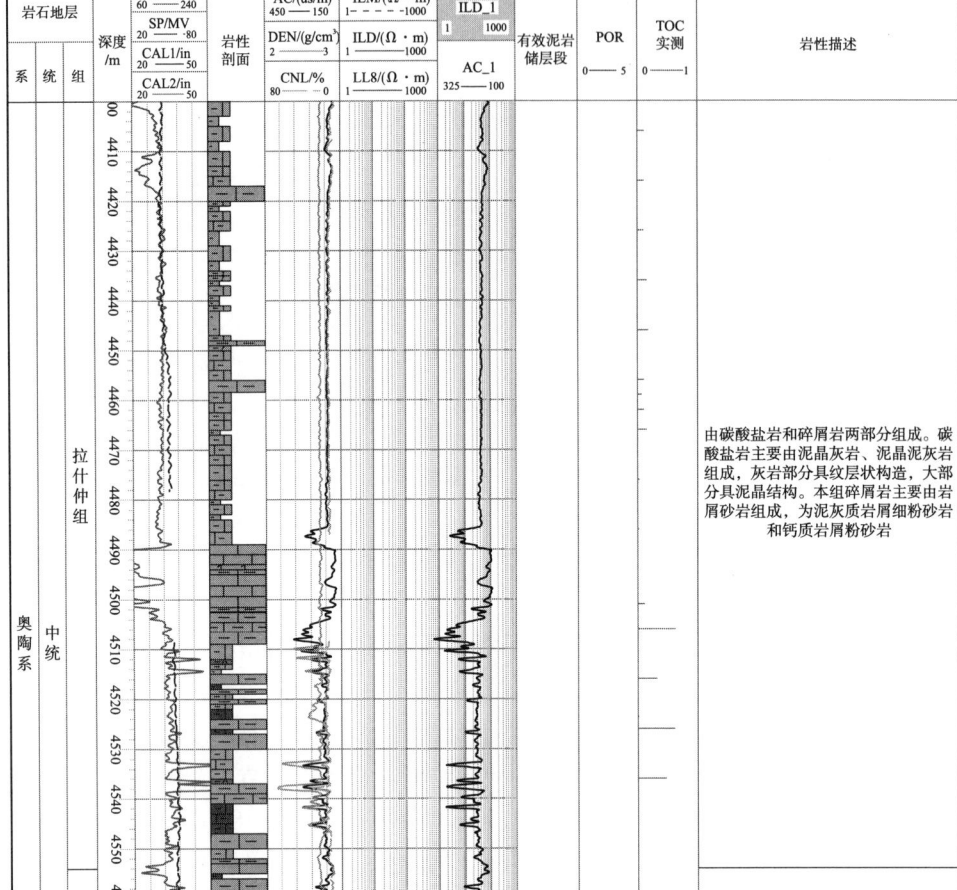

图 4-9 惠探 1 井乌拉力克组(下平凉组)综合剖面图

第4章 平凉期页岩气富集地质条件

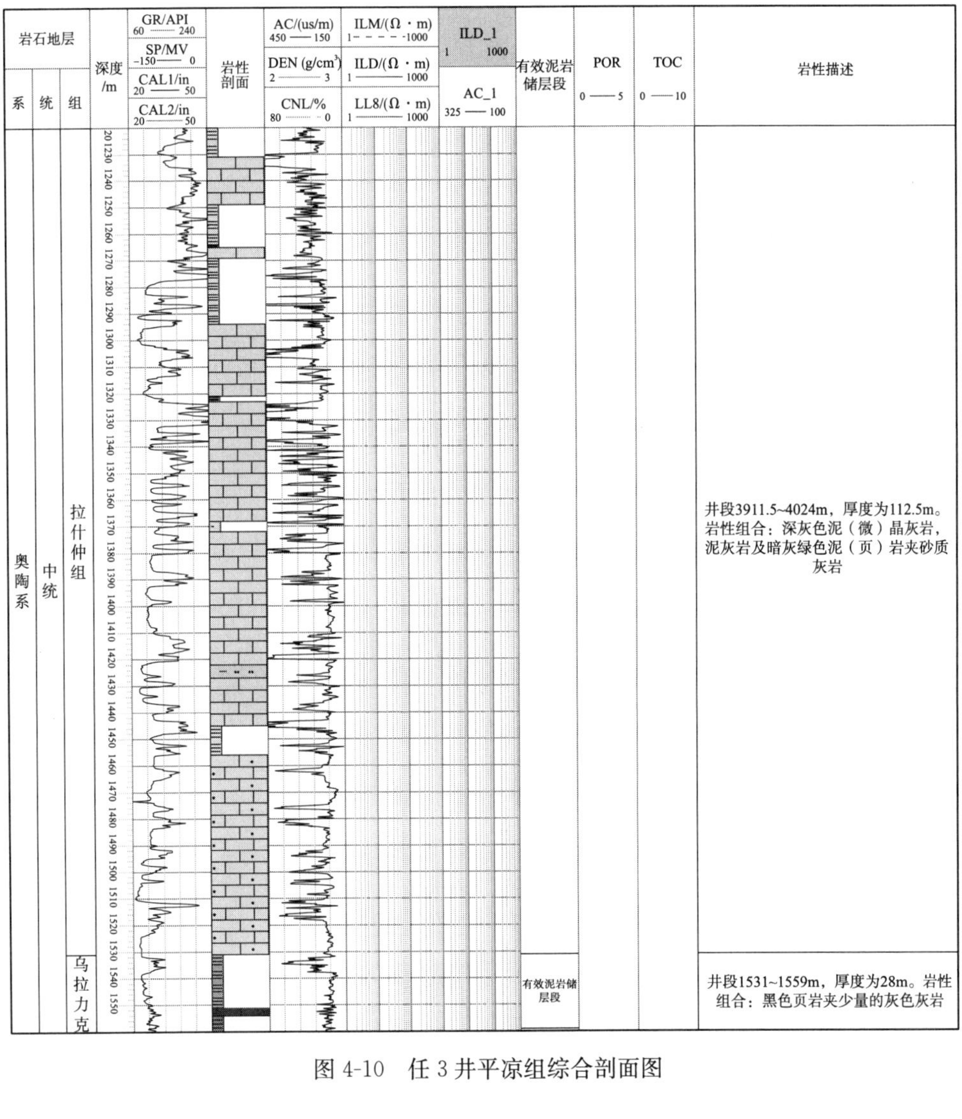

图 4-10 任 3 井平凉组综合剖面图

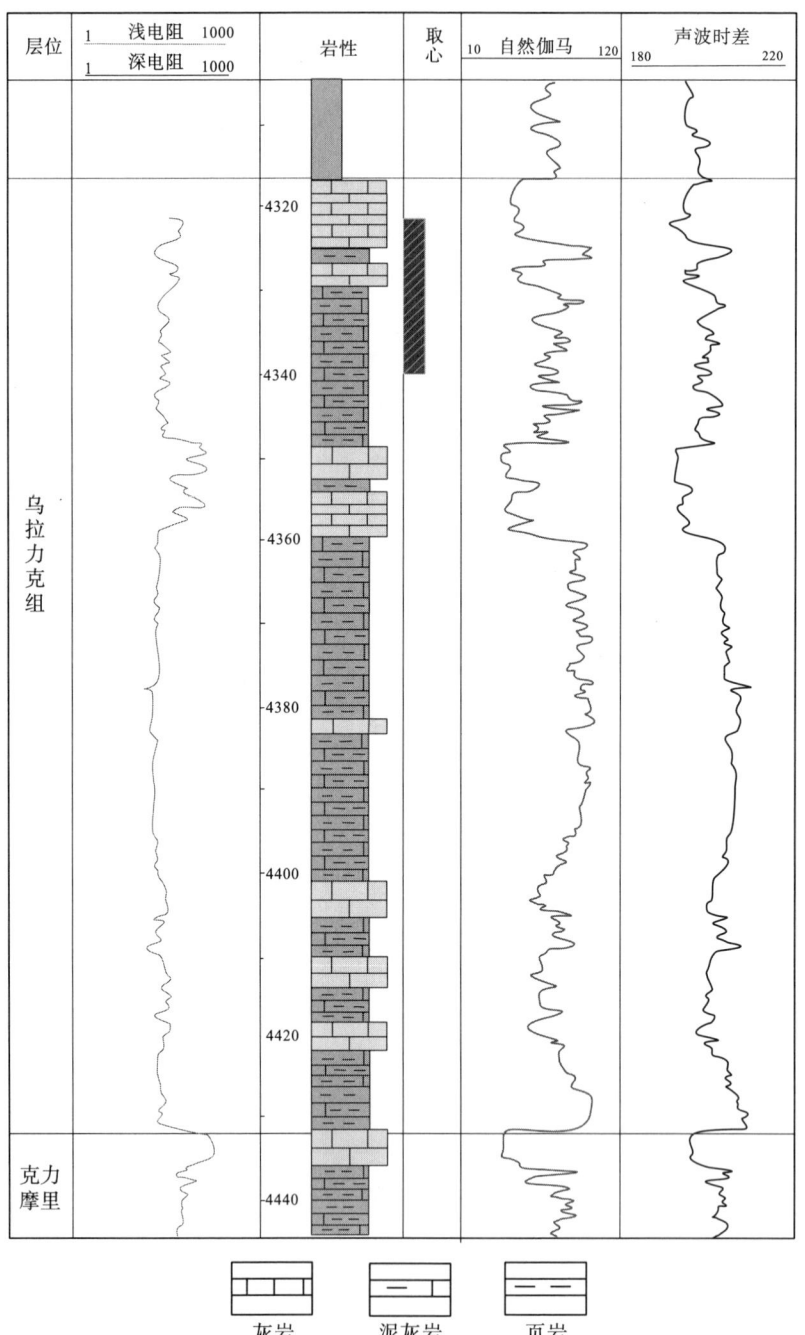

图 4-11 棋探 1 井乌拉力克组综合剖面图

4.3 平凉组剖面对比

平凉组地层具有一定厚度,但部分为非含气页岩储层,在确定含气页岩厚度之前,建立了鄂尔多斯盆地下古生界平凉组评价单元信息(表4-1),参考国土资源部油气资源战略研究中心(2012年)制定的"页岩气资源潜力评价与有利区优选方法"(表4-2),确定页岩含气层段。

通过盆地平凉组南北向剖面的对比,从上平凉组(拉什仲组)含气页岩层系的对比来看,整体上上平凉组含气页岩不发育,单层厚度一般不超过10m;相对北部的任3井和南部的平凉地区发育一定厚度的富有机质含气页岩,但累计厚度也不超过50m,北部天环坳陷内天深1井含气页岩不发育,中部天环坳陷西缘苦深1井、惠探1井上含气页岩呈薄层状发育(图4-12)。

下平凉组(乌拉力克组)含气页岩层系的分布在北部老石旦剖面一线较为发育,厚度超过35m,天深1井接近开阔台地沉积相带,页岩相对不发育,惠探1井一线发育乌拉力克组含气页岩约30m,至南部平凉地区含气页岩达到50m,但单层厚度较西缘北部薄,一般小于20m(图4-13)。

表4-1 鄂尔多斯盆地下古生界平凉组评价单元信息表

评价单元名称	鄂尔多斯盆地下古生界平凉组
时代	下古生界
层系	平凉组
岩性及其组合特征	海相笔石页岩
沉积相类型	台地前缘碎屑岩斜坡相带和深水盆地
构造特征	主要位于盆地西缘冲断构造带上
干酪根类型	Ⅰ型为主,其次是Ⅱ$_1$型
有机碳含量	0.17%~2%,平均值1.36%
有机质成熟度	0.44%~2.5%为主
平均埋深/m	2000
地层压力/MPa	26
地层温度/℃	80
地形地貌	地貌以陕北黄土高坡为主,地表沟壑纵横,属丘陵地带
工作程度	平凉组工作程度较低

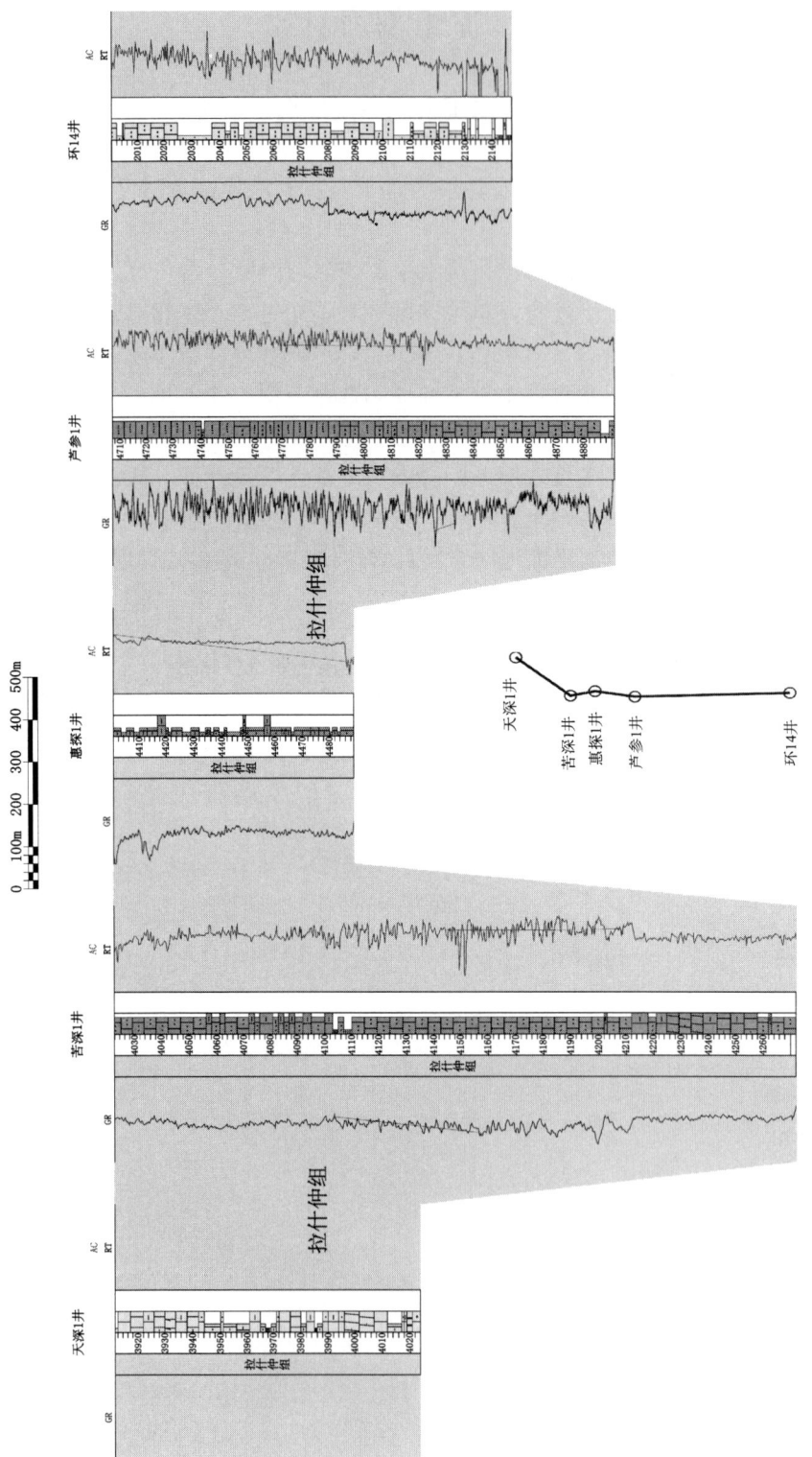

图4-12 鄂尔多斯盆地天深1井-苦深1井-惠探1井-芦参1井-环14井拉什仲组地层对比图

第4章 平凉期页岩气富集地质条件

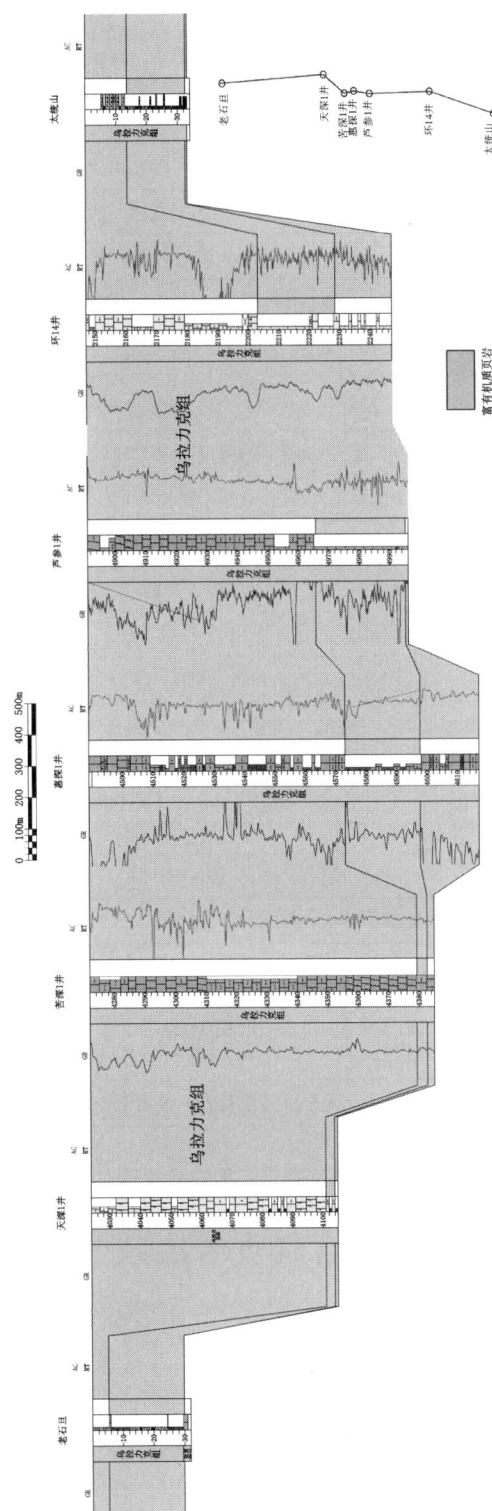

图4-13 鄂尔多斯盆地老石旦-天深1井-苕深1井-惠探1井-芦参1井-环14井-太统山乌拉力克组富有机质页岩对比图

表 4-2 页岩气选区参考标准（张大伟等，2012）

选区	主要参数	海相	海陆过渡相或陆相
远景区	TOC/%	平均不小于 0.5%	
	R_o/%	不小于 1.1%	不小于 0.4%
	埋深	100~4500m	
	地表条件	平原、丘陵、山区、高原、沙漠、戈壁等	
	保存条件	现今未严重剥蚀	
有利区	泥页岩面积下限	有可能在其中发现目标（核心）区的最小面积，在稳定区或改造区都可能分布。根据地表条件及资源分布等多因素考虑，面积下限为 200~500km²	
	泥页岩厚度	厚度稳定，单层厚度≥10m	单层泥页岩厚度≥10m；或有效泥页岩与地层厚度比值＞60%，单层泥岩厚度＞6m 且连续厚度≥30m
	TOC/%	平均不小于 1.5%	
	R_o/%	Ⅰ型干酪根≥1.2%；Ⅱ型干酪根≥0.7%；Ⅲ型干酪根≥0.5%	
	埋深	300~4500m	
	地表条件	地形高差较小，如平原、丘陵、低山、中山、沙漠等	
	总含气量	不小于 0.5m³/t	
	保存条件	中等-好	
核心区	泥页岩面积下限	有可能在其中形成开发井网并获得工业产量的最小面积，根据地表条件及资源分布等多因素考虑，面积下限为 50~100km²	
	泥页岩厚度	稳定单层厚度≥30m	单层厚度≥30m；或有效泥页岩与地层厚度比值＞80%，连续厚度≥40m
	TOC/%	不小于 2.0%	
	R_o/%	Ⅰ型干酪根：≥1.2%；Ⅱ型：≥0.7%；Ⅲ型：≥0.5%	
	埋深	500~4000m	
	总含气量	一般不小于 1m³/t	
	可压裂性	适合于压裂	
	地表条件	地形高差小且有一定的勘探开发纵深	
	保存条件	好	

4.4 平凉组含气页岩层系分布

4.4.1 平凉组含气页岩平面分布

古生界平凉组含气页岩层系主要分布于盆地西缘和西南缘的台地前缘碎屑岩斜坡相带和深水盆地相带内，横向变化较大，沿鄂 7 井-李华 1 井-环县-龙 2 井以西至青铜峡-固原断裂含气页岩层系逐渐增厚，最厚处可达 70m，乌海桌子山-老石旦-任 3 井-惠探 1 井-平凉太统山一线及其以西地区为页岩气层系主要发育区（图 4-14）。盆地南缘

第4章 平凉期页岩气富集地质条件

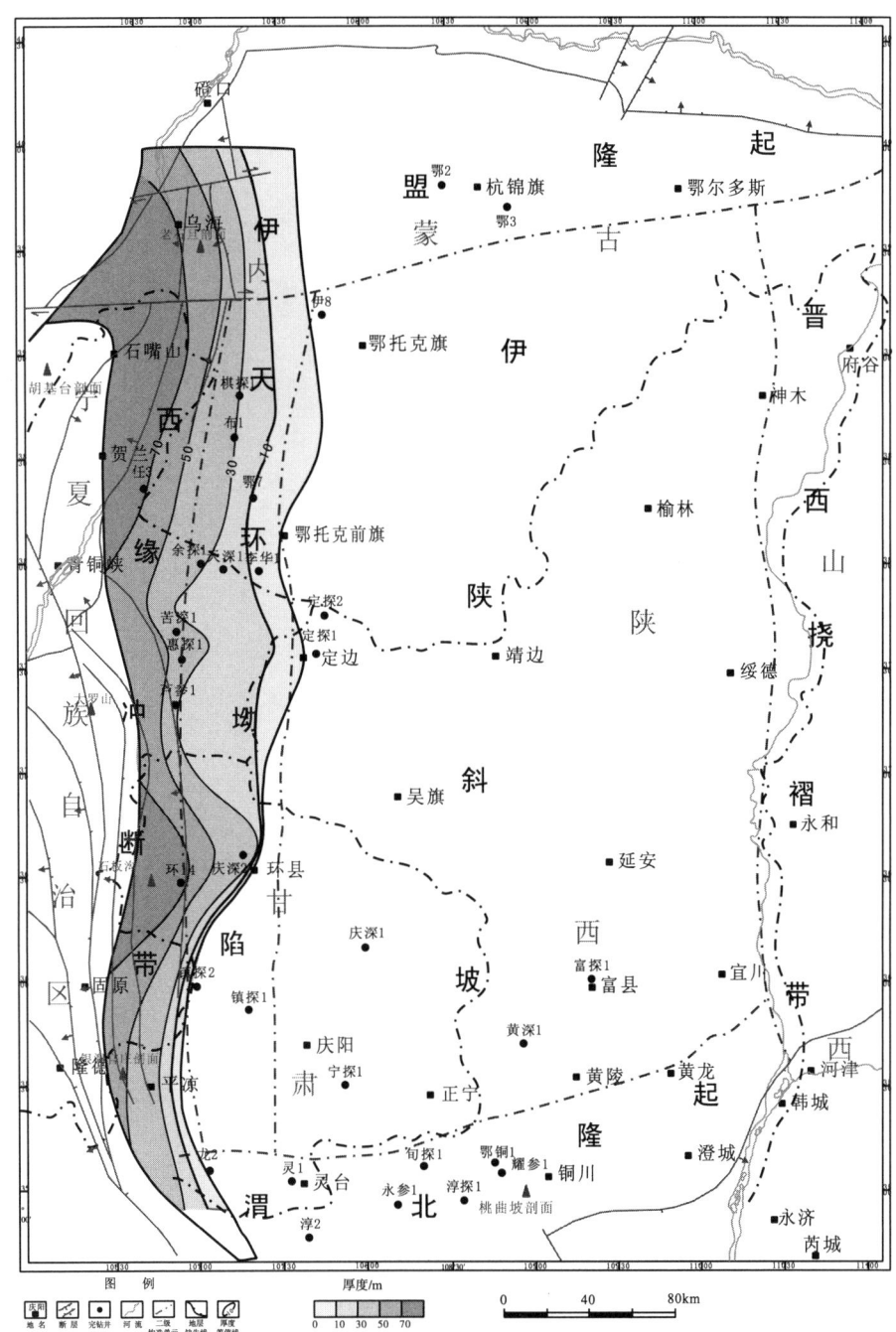

图 4-14 鄂尔多斯盆地下古生界平凉组含气页岩厚度分布图

沉积相带主要为开阔台地相带、台地边缘生物礁和台地前缘碳酸盐岩斜坡相带,页岩少量发育于碳酸盐岩地层夹层内,有机质含量低,一般在起算厚度之下。

平凉组泥地比含量呈自西向东降低,西缘中段芦参1井泥地比较低,布1井-余探1井以西泥地比大于0.5,环14井-平凉银洞官庄以西组泥地比大于0.5(图4-15)。

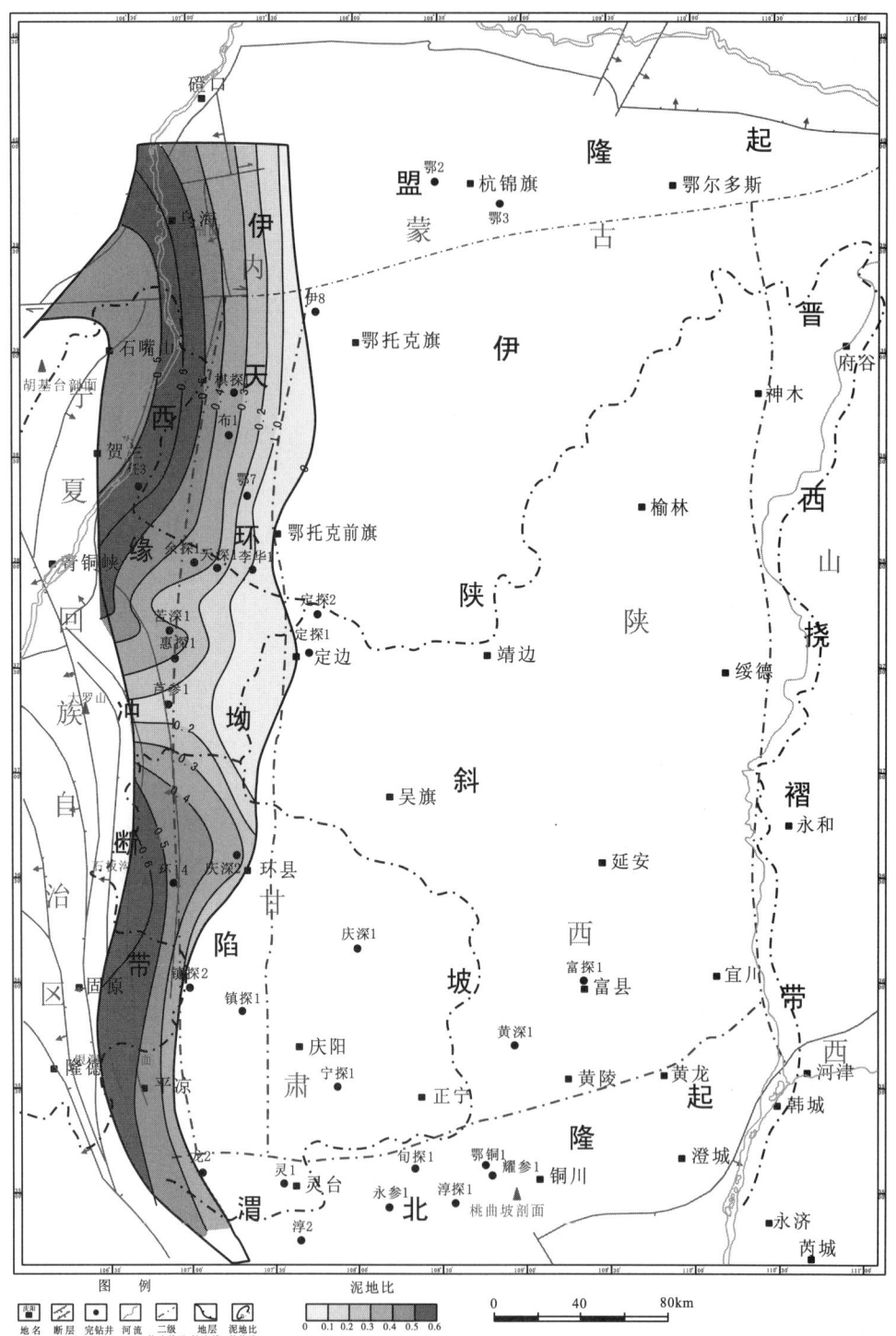

图 4-15　鄂尔多斯盆地下古生界平凉组泥地比图

4.4.2 平凉组含气页岩埋深

结合盆地西缘地震剖面、野外剖面调查、下古钻井资料，平凉组含气页岩层系受沉积相和后期构造运动的控制，在惠探1井和芦参1井一线埋深达到最大，超过了4500m，以惠探1井和芦参1井为中心，向南北方向埋深变浅；北部至乌海老石旦、南至平凉银洞官庄(太统山)一带平凉组逐渐出露地表(图4-16)。

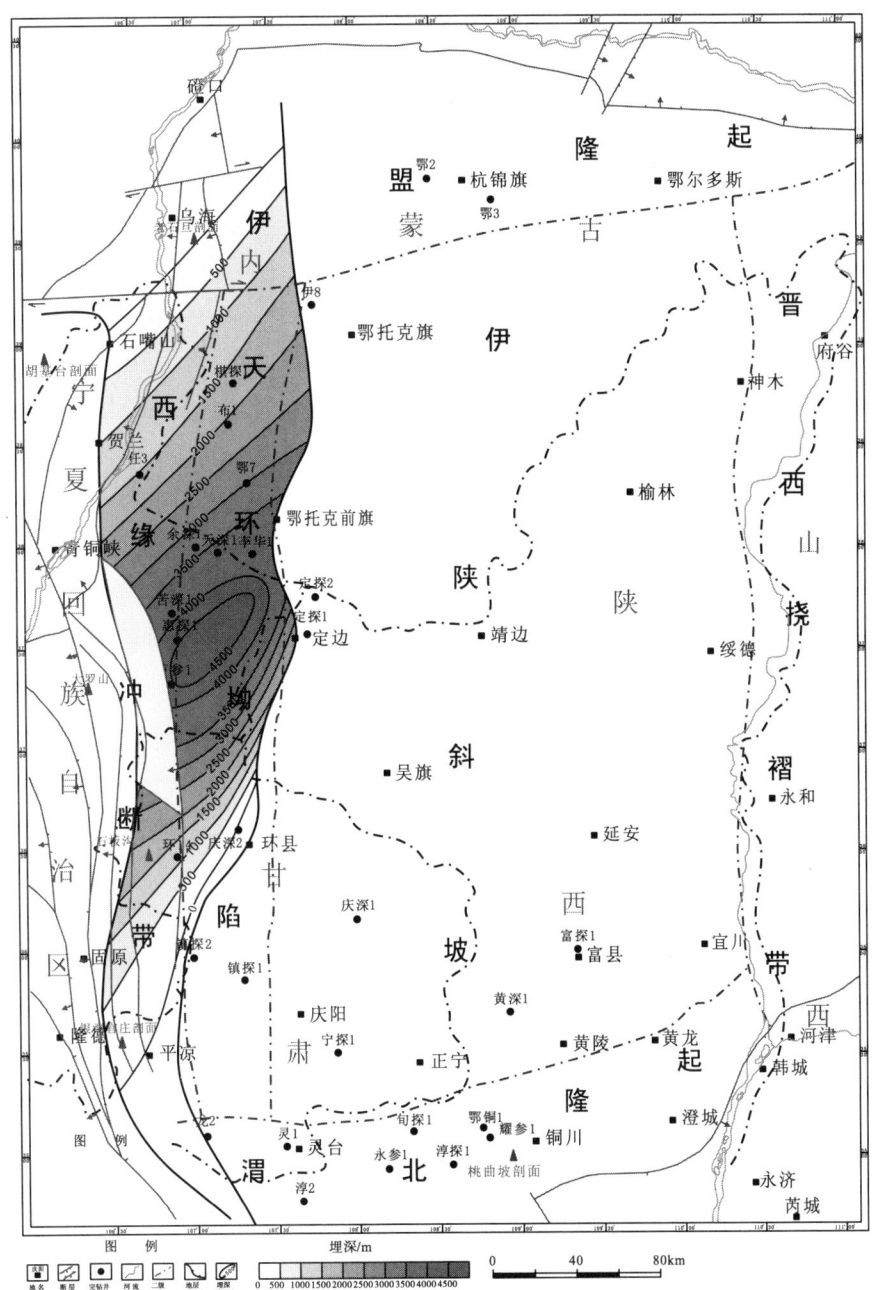

图4-16 鄂尔多斯盆地下古生界平凉组埋深图

过石沟驿地区 02XY01 地震地质解释剖面图及隆德彭阳构造调查剖面的情况表明在平凉断裂以西寒武系和奥陶系地层出露地表，即平凉组在青龙山一线出露，三叠系延长组遭受剥蚀；而平凉断裂以东，平凉组埋深达 4000 余米，如惠探 1 井和芦参 1 井分别在 4124m、4608m 钻遇平凉组（图 4-17、图 4-18）。

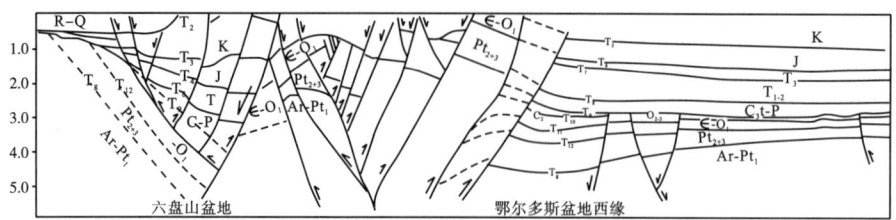

图 4-17　鄂尔多斯西缘 02XY01 地震地质解释剖面图

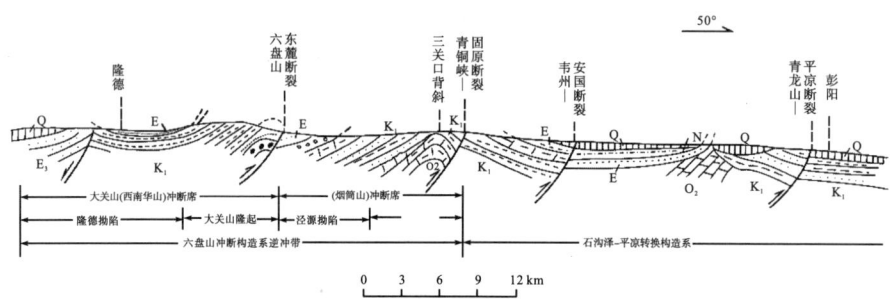

图 4-18　隆德彭阳构造横剖面图（据汤锡元等，1992）

第5章 平凉期页岩有机地化特征

页岩气地球化学研究包括残余有机碳含量(TOC)、有机质类型、有机质热演化程度(R_o)等研究,通过建立有机地化基干剖面;开展不同井(剖面)、不同层段 TOC 测井资料解释,包括页岩气储层各项有机参数测井解释,如有机碳参数的测井解释目前比较成熟的方法是统计法、$\Delta\lg R$ 方法、U 曲线法等。R_o%测井解释主要依赖统计法。在此基础上,开展不同井、不同层段有机地化特征对比研究、有机地化参数的控制因素分析,明确页岩气目的层段有机地化参数的分布规律。

5.1 平凉组含气页岩有机质类型

有机质类型可以决定页岩生烃初期所生成油气的类型。陈孟晋等(2007)通过对盆地西部平凉组 67 个样品(灰岩和泥灰岩 16 个、泥岩 51 个)有机组分的显微定量分析,发现腐泥组含量最高,平均为 40%以上,动物有机组次之,平均为 30%~35%;壳质组相对较少,平均为 20%~30%。平凉组烃源岩有机质类型除少数层段为 II_1 型以外,其余绝大部分为 I 型。倪春华等(2010)、陈孟晋等(2007)分别对盆地南缘和西缘野外露头页岩样品进行了分析,由于干酪根稳定碳同位素($\delta^{13}C$)与有机质热演化阶段关系不大,受风化作用的影响甚小,因此根据野外 33 个样品(其中西缘 16 个、南缘 17 个)的测试结果表明 33 个露头样品的干酪根 $\delta^{13}C$ 值平均为-29.3‰,有机质类型绝大多数属于 I 型(占 73%),其次是 II_1 型,II_2 型少见(图 5-1)。根据干酪根镜检,盆地南缘平凉组干酪根显微组分中无定形含量为 74.83%~75.75%,海相镜质组含量为 20.5%~26%(据左志峰和李荣西,2008),有机质类型以 I 型和 II_1 型为主(图 5-2)。

本次研究对平凉组野外页岩样品的热解分析也表明了平凉组富有机质页岩有机质类型除太统山剖面以 II_2 型为主,其他均为 I 型干酪根类型(表 5-1)。因此,综合前人分析及本次测试结果,下古生界平凉组含气页岩有机质类型主要为 I 型,个别为 II_1 型和 II_2 型。

5.2 平凉组含气页岩有机质丰度

根据前人对平凉组地表剖面和环 14 井、任 3 井等共计 56 件样品有机碳分析数据及本次钻井、野外采样完成的 45 件分析数据,平凉组含气页岩平均有机碳含量为 0.38%(表 5-2)。盆地南缘的平凉组泥页岩有机碳含量主要分布在 0.2%~0.3%,占 50%以上,盆地西缘的泥页岩 TOC 平均为 0.37%,氯仿沥青"A"平均为 380×10^{-6}%,高于南缘泥页岩含量。纵向上下段有机质较富,上段有机质较贫。惠探 1 井乌拉力克组泥页岩 TOC

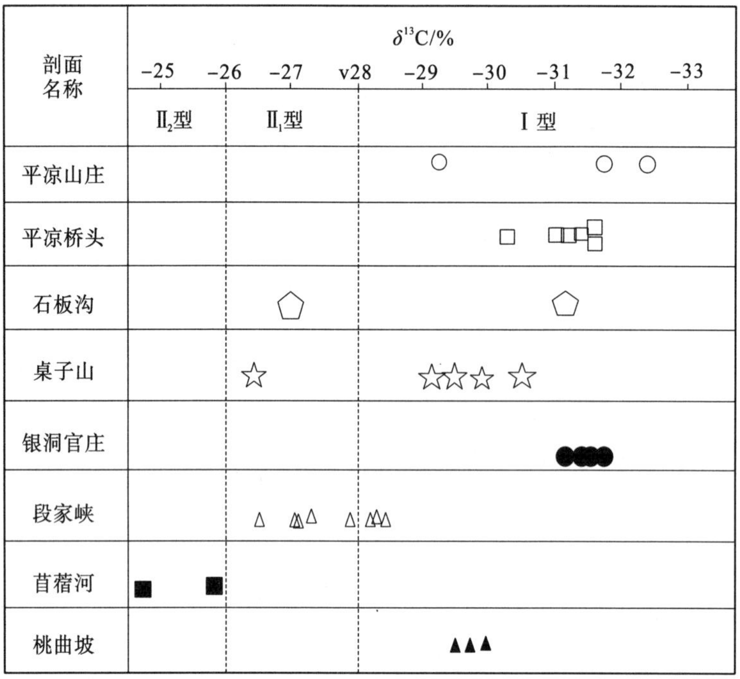

剖面名称
δ13C/%
−25
−26
−27
v28
−29
−30
−31
−32
−33
Ⅱ2型
Ⅱ1型
Ⅰ型
平凉山庄
平凉桥头
石板沟
桌子山
银洞官庄
段家峡
苜蓿河
桃曲坡

图 5-1　鄂尔多斯盆地西缘及南缘平凉组露头页岩有机质类型分布图（据陈孟晋等，2007）

腐泥组/%
50
40
30
20
10
0
D
C
B
A
60
70
80
90
100
100 90 80 70 60 50 40 30 20 10 0
平凉组
(镜质组+惰质组)/%
无定型有机质/%

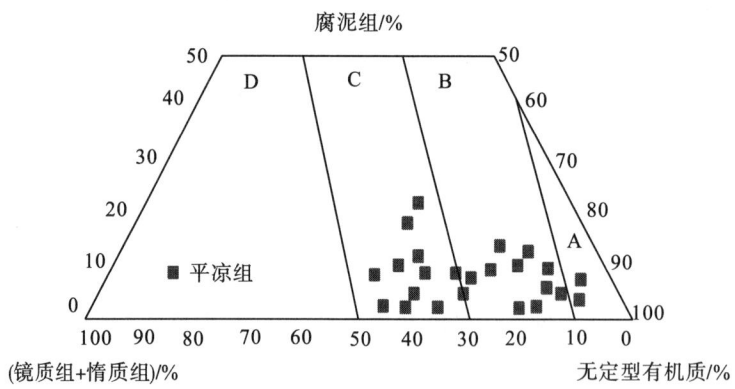

图 5-2　西缘平凉组含气页岩有机质类型（据左智峰，2008）

平均为 0.63%，拉什仲组泥页岩 TOC 平均为 0.17%(图 5-3)，老石旦剖面乌拉力克组 TOC 为 1.5%～2%(图 5-4)，西南缘银洞官庄平凉组 TOC 在 0.5%～1.0%(图 5-5)。石板沟剖面拉什仲组 TOC 整体较低，多小于 0.3%(图 5-6)，平凉组 TOC 的平面分布总体表现为北高南低的特征，北部布 1 井和天深 1 井 TOC 一般为 0.6%～1.4%，盆地西缘往南 TOC 逐渐降低至 0.2%以下(图 5-7)。

表 5-1 下古生界平凉组含气页岩野外样品热解测试表

剖面	岩性	TOC/%	T_{max}/℃	游离烃 S_1/(mg/g)	热解烃 S_2/(mg/g)	氢指数 /(mg/g)	烃指数 /(mg/g)	母质类型
石板沟	绿色页岩	0.07	424	0	0.01	14	0	I
	灰绿色页岩	0.05	438	0	0.01	20	0	I
	灰绿色页岩	0.06	430	0	0.02	33	0	I
	灰绿色页岩	0.05	439	0	0.01	20	0	I
小罗山	深灰色页岩	0.05	439	0	0.02	40	0	I
老石旦	黑色页岩	0.86	442	0.02	0.09	10	2.33	I
	黑色页岩	0.88	460	0.02	0.08	9	2.27	I
	深灰色泥岩	0.99	438	0.02	0.14	14	2.02	I
	黑色页岩	0.54	478	0.01	0.06	11	1.85	I
	深灰色页岩	0.44	492	0.02	0.05	11	4.55	I
	黑色页岩	0.95	476	0.04	0.12	13	4.21	I
	深灰色页岩	0.44	474	0.01	0.05	11	2.27	I
胡基台	浅灰绿色页岩	0.05	332	0.01	0.01	20	20	I
	浅灰色泥岩	0.12	422	0.08	0.06	50	66.67	I
太统山	灰色页岩	0.32	426	0.05	0.76	238	15.63	II_2
	灰色泥岩	0.46	449	0.06	1.08	235	13.04	II_2
	绿灰色页岩	0.21	428	0.02	0.32	152	9.52	II_2
	灰色泥岩	0.31	446	0.03	0.39	126	9.68	II_2
	深灰色页岩	0.45	426	0.07	1.02	227	15.56	II_2
	深灰色页岩	0.29	431	0.03	0.39	134	10.35	II_2

表 5-2 平凉组含气页岩有机质丰度评价结果

地区	位置	TOC/% 范围	TOC/% 平均值	氯仿沥青"A"/10^{-6} 范围	氯仿沥青"A"/10^{-6} 平均值	HC/10^{-6} 范围	HC/10^{-6} 平均值
西缘	露头	0.05~1.76	0.37(139)	21~1259	232(28)	33~784	276(8)
	钻井	0.15~1.2	0.58(13)	24~1263	380(45)	17~852	347(18)
南缘	露头	0.21~0.36	0.27(5)	9~27	18(6)		
	钻井	0.16~0.63	0.27(6)				

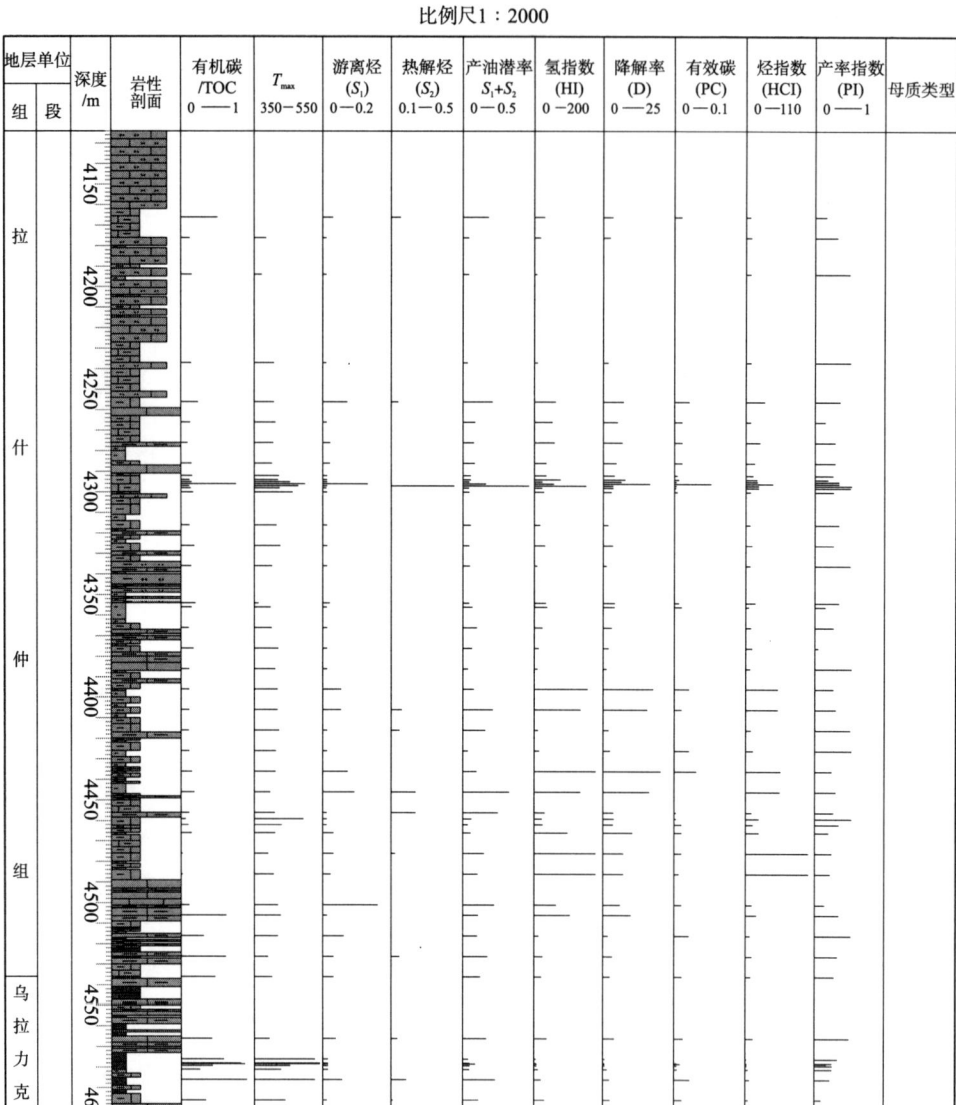

图 5-3 惠探 1 井平凉组有机地化剖面

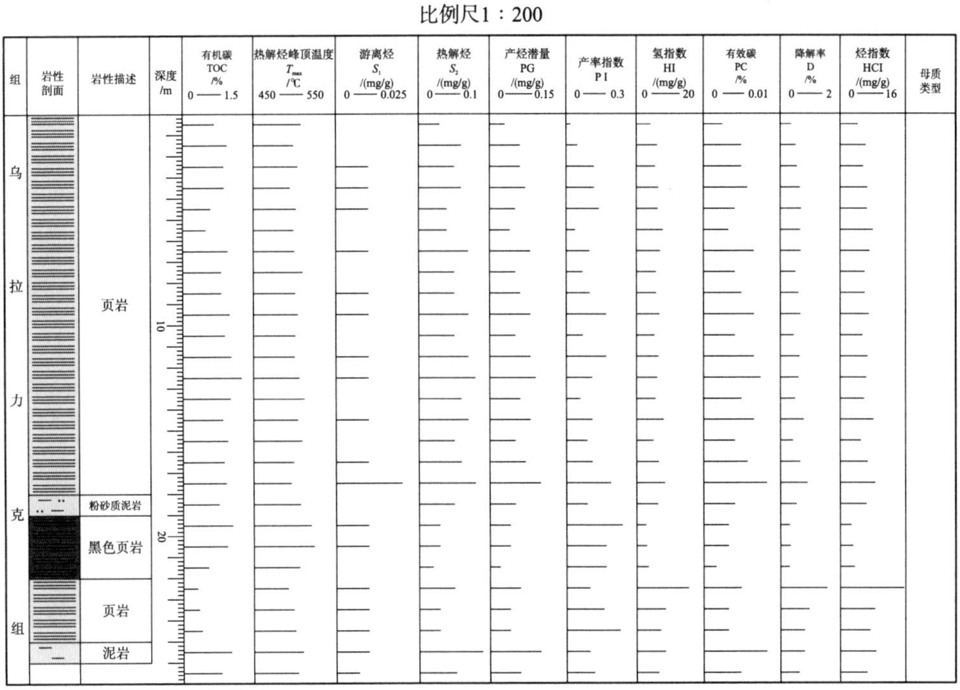

第5章 平凉期页岩有机地化特征

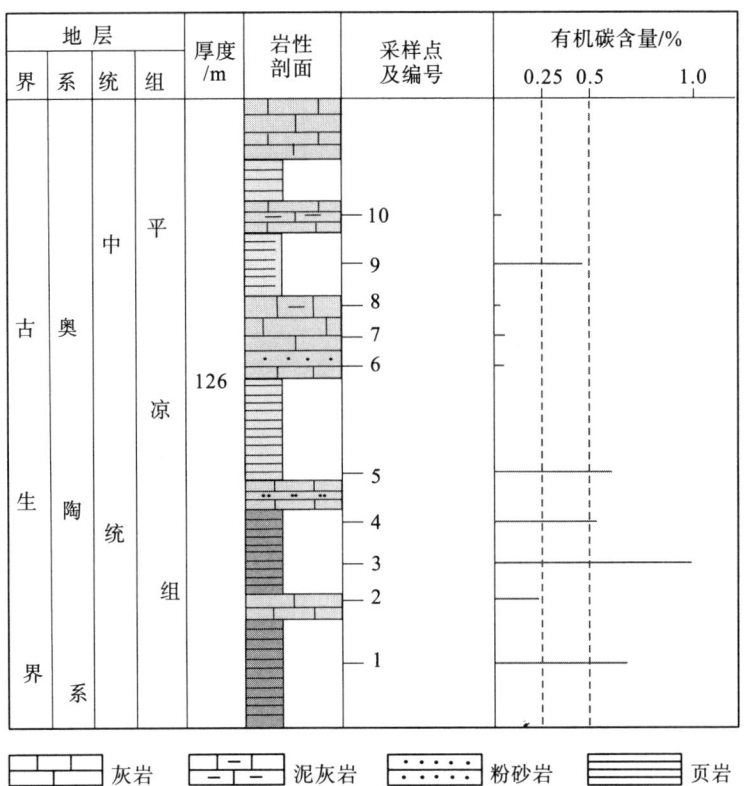

图 5-4 乌海老石旦下平凉组(乌拉力克组)页岩有机碳含量纵向分布

图 5-5 平凉银洞官庄平凉组页岩有机碳含量剖面

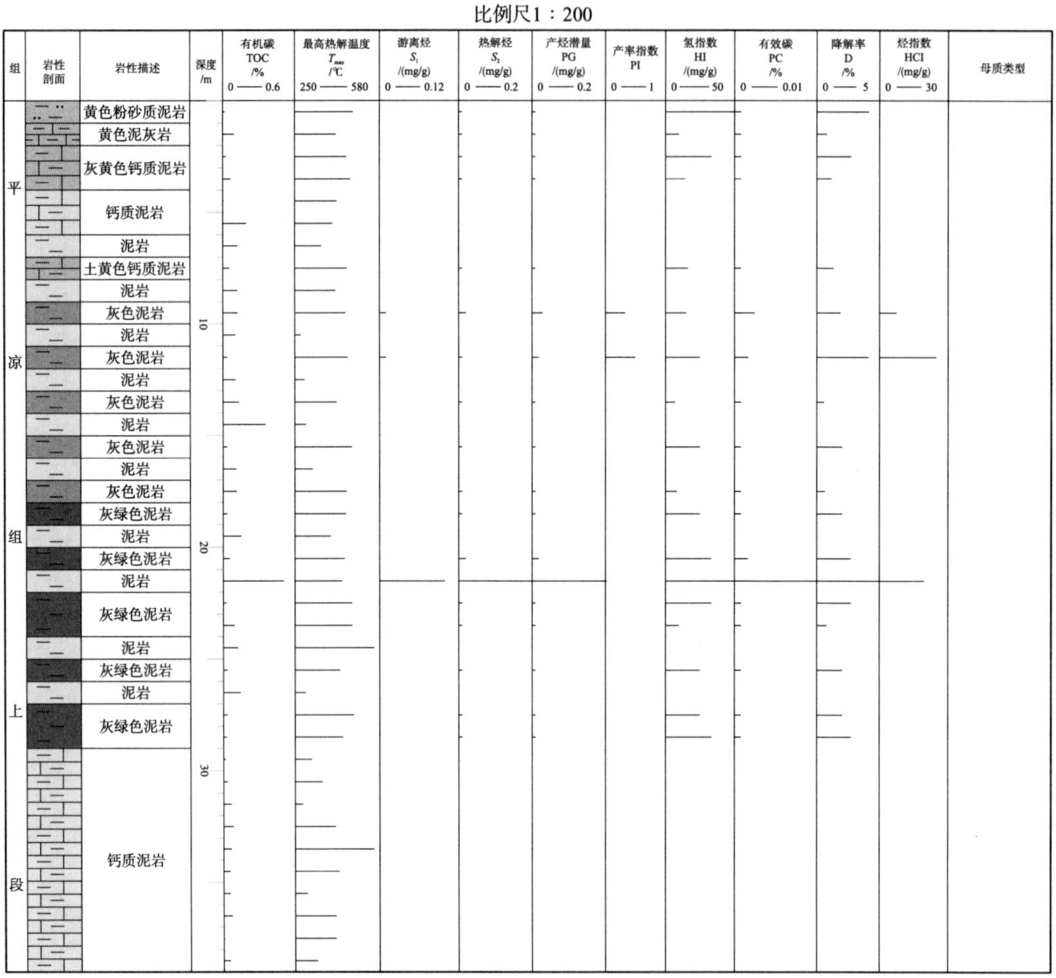

图 5-6 石板沟拉什仲组有机地化剖面

第5章 平凉期页岩有机地化特征

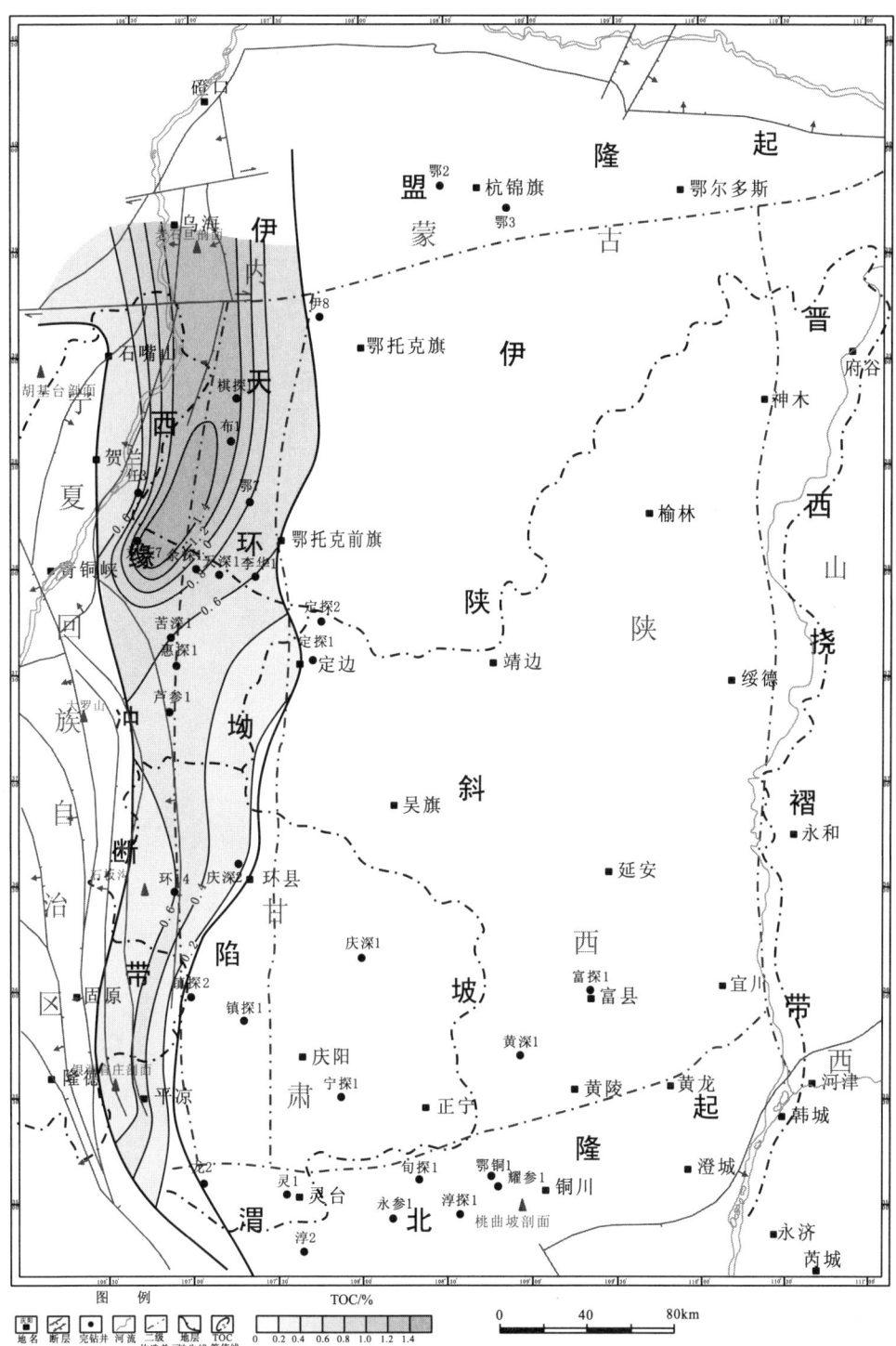

图5-7 鄂尔多斯盆地中奥陶统平凉组泥页岩层系有机碳含量等值线图

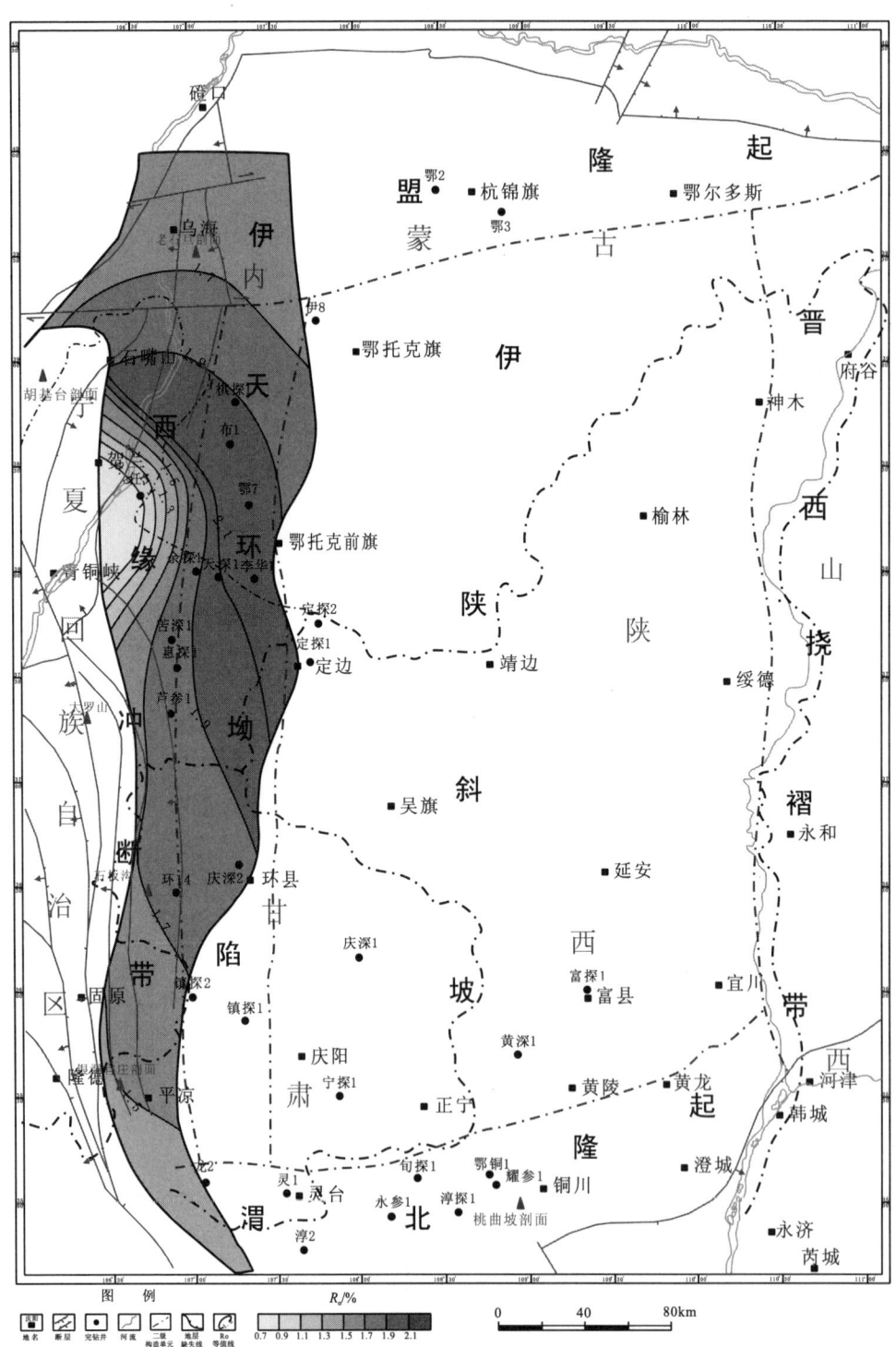

图 5-8 鄂尔多斯盆地中奥陶统平凉组泥页岩层系有机质成熟度等值线图

5.3 平凉组含气页岩有机质成熟度

平凉组含气页岩沥青 R_o 分析测试结果及平面的分布特征表明：整个盆地下古平凉组含气页岩发育区有机质成熟度总体上达到成熟－过成熟阶段；棋探1井至惠探1井、马家滩一带 R_o 达 1.9%～2.1%，在盆地西缘南段平凉地区有机质 R_o 为 1.5%～1.7%，（图 5-8）。平凉组页岩热演化程度整体偏高，不同地区有一定差异性，即热演化程度既有属于高－过成熟阶段的，还有仍为低熟阶段者（余探1井-任3井以西）。

由于热演化程度偏高，南缘平凉组烃源岩现今生烃潜力很低，说明已基本经历了供烃成藏的地质历史过程，而西缘平凉组烃源岩热演化程度既有属于高－过成熟阶段的（已经历过强烈生烃），也有处于生油窗范围的，还有仍为低熟阶段者（平凉以西地区）（图 5-9）。

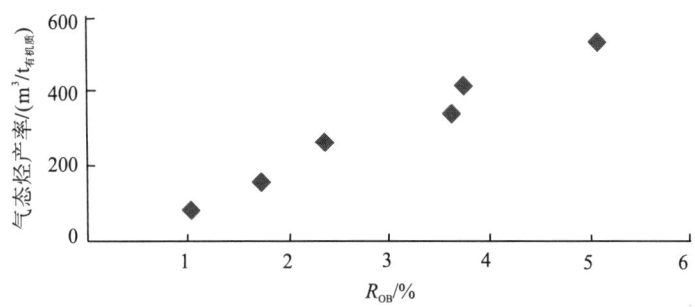

图 5-9 平凉组下段页岩热模拟实验结果图（据孔庆芬等，2007）

5.4 平凉组生气（油）史及生气（油）条件

盆地南缘晚三叠世早期平凉组埋深为1900m左右，成熟度 R_o 为 0.5%，达到 Quigley 等提出的生油条件，开始生油；进入生油窗之后，随着埋深进一步增加，到晚三叠世末—中侏罗世为大量生油阶段，并于中侏罗世末达到生油高峰，此时 R_o 为 1.3% 左右。与此同时平凉组泥页岩进入生气窗，且大规模生气期为中生代晚期早白垩世（图 5-10）。

从惠探1井下古生界埋藏史曲线图（图 5-11）可以看出，对于奥陶系主力烃源岩层来讲，在早三叠世末（约240Ma）进入生烃门限，中三叠世安尼期末（约230Ma）进入生油高峰期，在晚三叠世末（约200Ma）—中侏罗世延安期末（约164Ma）进入生气高峰期，并持续至今。

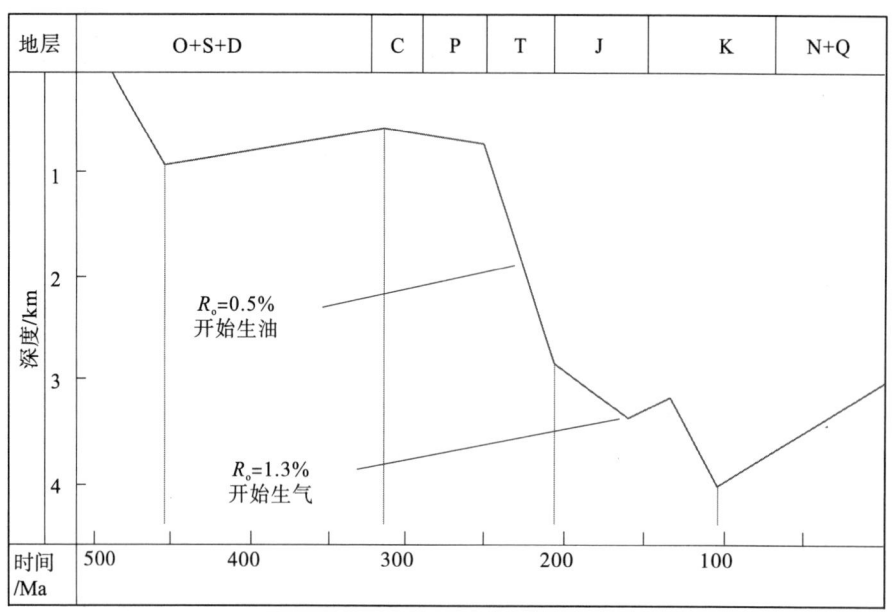

图 5-10　鄂尔多斯盆地南缘旬探 1 井平凉组泥页岩埋藏史及生烃史图

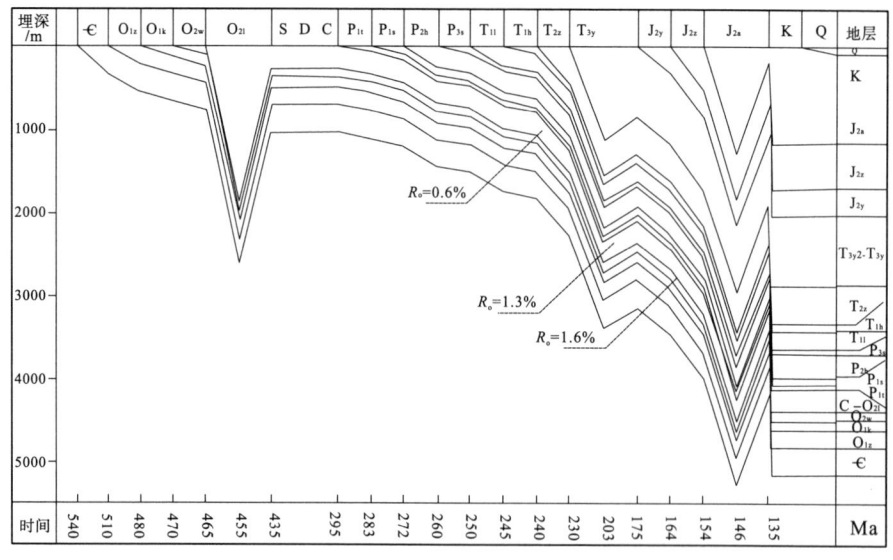

图 5-11　惠探 1 井下古生界埋藏史、热演化史图

惠探 1 井下古生界含油气系统基本地质要素与地质作用过程的组合关系如图 5-12 所示。下古生界烃源岩的大量生气高峰期在 200~164Ma，同期也是天然气运移的主要时期。下古生界的浊流砂岩储层圈闭、侵蚀圈闭、次生白云岩储层圈闭、裂缝储层圈闭的形成均早于下古生界烃源岩的天然气生、排高峰期，为天然气的聚集提供了圈闭条件。

盆地西缘石炭-二叠纪华北盆地整体沉降，鄂尔多斯盆地主体在经历了长达 150Ma 的风化剥蚀后接受广覆式沉积，中央古隆起带以西、以南沉积厚度为 1100~2700m，平凉组烃源岩处于未成熟演化阶段。早－中三叠世盆地古地理格局北高南低，中央古隆起带以西、以南地区中下三叠统厚度为1000~1500m，平凉组生油岩顶界埋深达到2800~4000m，盆地西缘大部分地区平凉组泥页岩R_o值达到了0.7%，开始进入生油窗(图5-13)。早侏罗世中期开始，盆地西缘平凉组泥页岩R_o值达到了1.3%，开始进入生气窗，中侏罗世到早白垩世中期鄂尔多斯盆地强烈的沉降和高温热演化作用使西缘平凉组烃源岩达到了生气高峰阶段。早白垩世以后盆地的整体抬升使平凉组泥页岩生烃强度降低，生烃作用逐渐减弱。

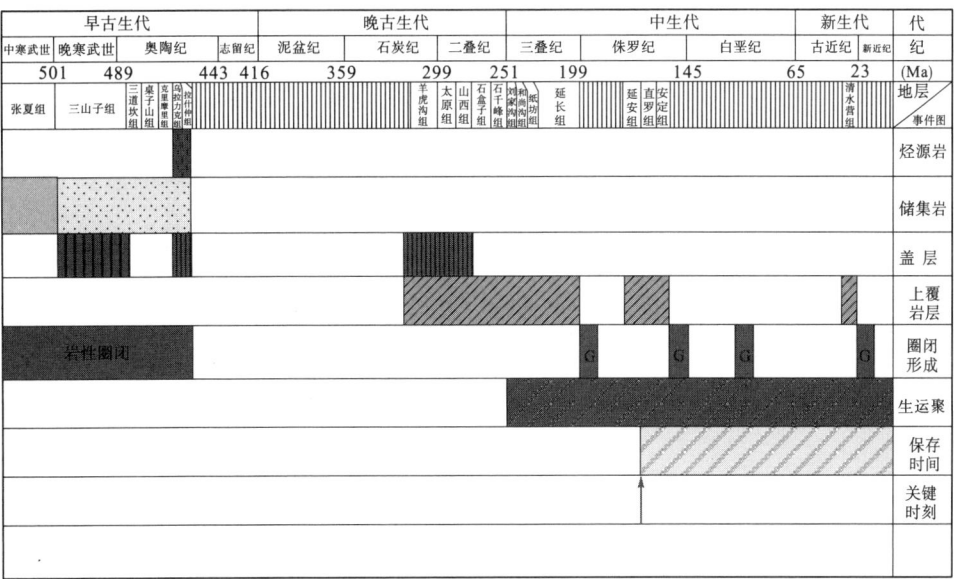

图5-12 惠探1井下古生界含油气系统事件图

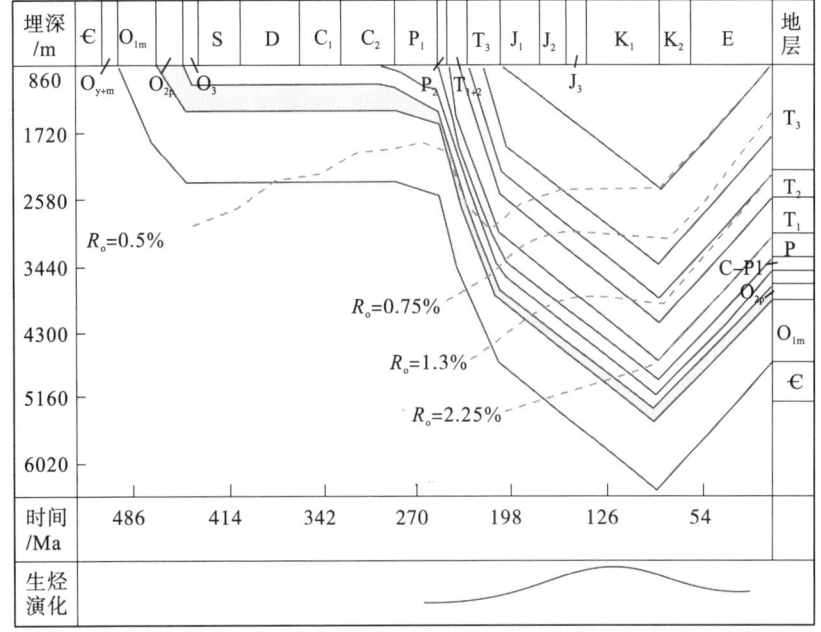

图5-13 鄂尔多斯盆地西缘平凉组埋藏史及生烃史图

第6章 平凉期含气页岩储层特征

由于页岩气层主要以微-纳米级孔隙为主,分散及连通性差,形成"自封闭系统"。另外,其非常规性还体现在"连续性分布"。首先依据岩心(剖面样品)观察、描述及岩石薄片、扫描电镜,开展孔隙、裂缝、微裂隙描述,探讨有机孔隙、无机孔隙组合特征及其控制因素;以气体法孔渗测定如常规氦气法、威德福 SRP 法等,气体吸附法测量为手段,测定页岩储层孔、渗参数及吸附法毛细管压力曲线,建立页岩储层的微观孔隙结构的测定及评价方法为关键技术问题之一。目前国内外气体法测定储层孔、渗参数的技术方法已成熟,可以利用气体孔隙度测定仪及气体法渗透率测定仪开展页岩气储层的孔、渗测量,对比不同方法测定结果,评价差异,建立不同方法测定结果的关系,为页岩气储层评价提供基础。平凉组笔石页岩微-纳米孔隙特征研究程度较低,与有机、无机地化参数等相关性对比数据较少,页岩储层的影响因素需要进一步探讨。

6.1 平凉组页岩储层岩矿特征

平凉组含气页岩主要发育黑色笔石页岩、深灰色笔石页岩、深灰色页岩、灰绿色页岩、灰绿色粉砂质页岩、灰绿色含笔石粉砂质页岩、深灰色灰质页岩、黄色粉砂质页岩等多种类型。平凉组页岩脆性矿物含量高,有机质含量相对低,有机质往往以条带状平行纹层、斑点状分散不均或微裂缝充填等方式赋存于页岩中(图6-1)。

平凉组页岩野外样品全岩 X 衍射分析结果(表6-1):其脆性矿物含量高,石英含量为22%~72%,平均为52%;长石含量为0%~5%;乌海老石旦剖面笔石页岩不含长石;方解石含量为1%~26%;环县石板沟方解石含量高达26%,为钙质页岩;黏土矿物量为

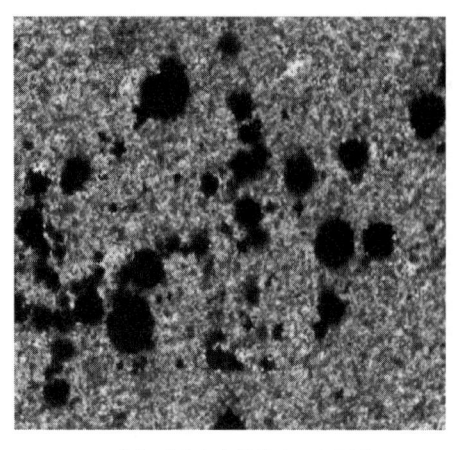

a 有机质呈斑点状分布,银洞官庄平凉组 10×10(一)

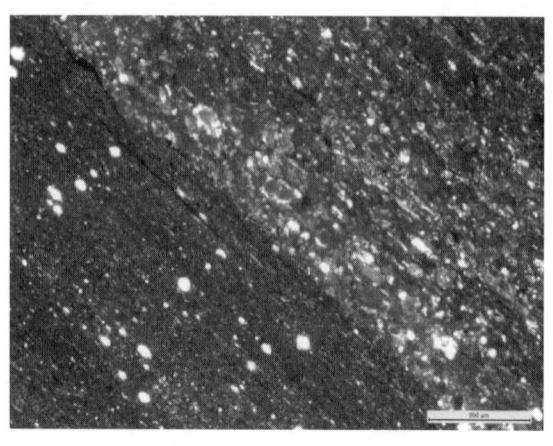

b 碎屑石英与黏土质呈条带状分布,银洞官庄平凉组

第6章 平凉期含气页岩储层特征

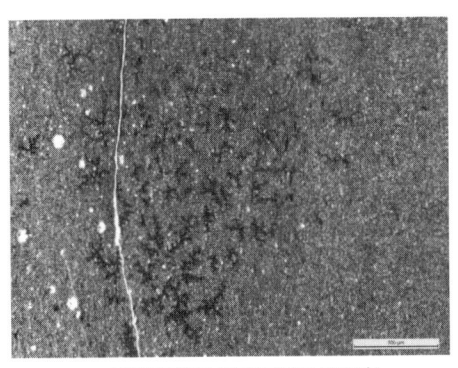

c 平凉组假化石(锰矿物)银洞官
庄剖面

d 有机质充填微裂缝,乌海老石旦乌拉力
克组10×20(一)

图6-1 平凉组页岩沉积特征

19%~72%,平均35%左右,以伊利石和绿泥石为主,部分样品含少量高岭石和蒙脱石,不超过10%。粉砂质页岩伊利石、绿泥石含量较高,石英含量较低。笔石页岩见微裂缝发育,有机质不均匀分布,笔石化石方解石化及黄铁矿、针铁矿充填微孔等,扫描电镜及能谱分析确认石英、磷灰石等矿物(图6-2)。可以根据矿物成分分为两类:石英+方解石+伊利石组合,石英+方解石+伊利石+绿泥石组合(图6-3)。不同地区页岩矿物含量平面分布见图6-4。

表6-1 鄂尔多斯盆地平凉组泥页岩储层矿物成分表

地区	石英/%	长石/%	碳酸盐/%	黄铁矿/%	黏土矿物/%	黏土矿物相对含量/%				
						蒙皂石/%	伊利石/%	高岭石/%	绿泥石/%	伊/蒙混层/%
太统山	60.8	4.5	8.9	0.0	25.8	2.8	15.5	4.6	2.9	0.0
老石旦	70.9	0.0	9.6	0.0	19.5	0.4	14.9	0.0	4.2	0.0
石板沟	22.0	2.6	26.2	0.0	49.2	0.0	28.5	0.0	20.7	0.0
平凉组	57.0	2.3	12.7	0.0	28.0	1.3	17.9	1.8	7.0	0.0

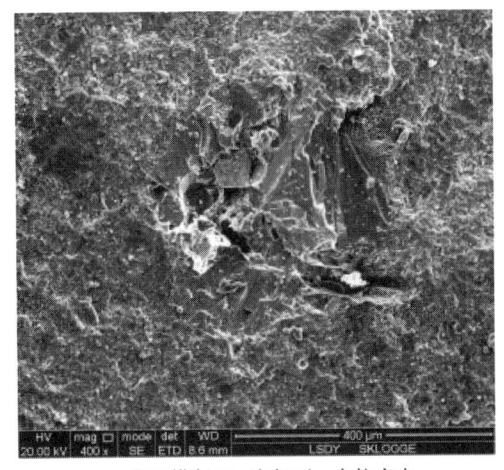

a 笔石横断面,方解石,乌拉力克
组,老石旦剖面

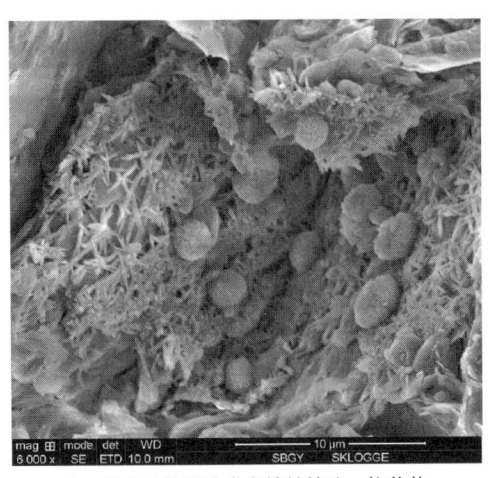

b 黏土矿物微孔中充填针铁矿,拉什仲
组,石板沟剖面

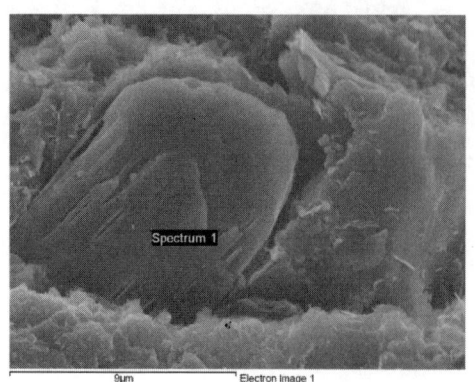 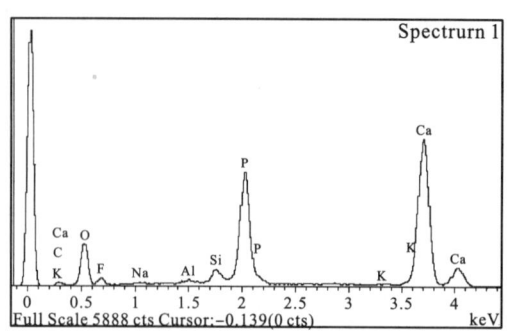

c 页岩中磷灰石矿物,乌拉力克组,老石旦剖面

 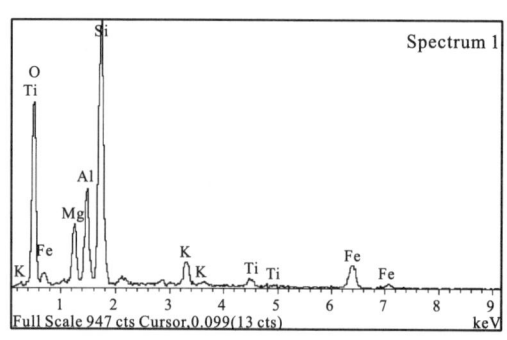

d 页岩中石英矿物,乌拉力克组,老石旦剖面

图 6-2 平凉组页岩矿物学扫描电镜及能谱分析

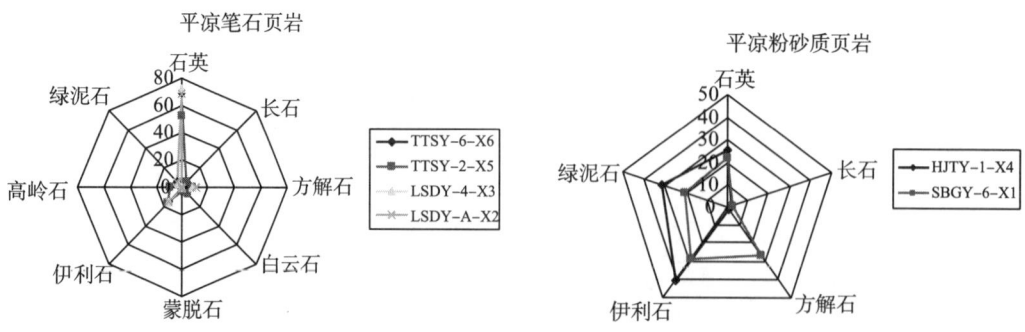

图 6-3 平凉组页岩全岩矿物分析雷达图

第6章 平凉期含气页岩储层特征

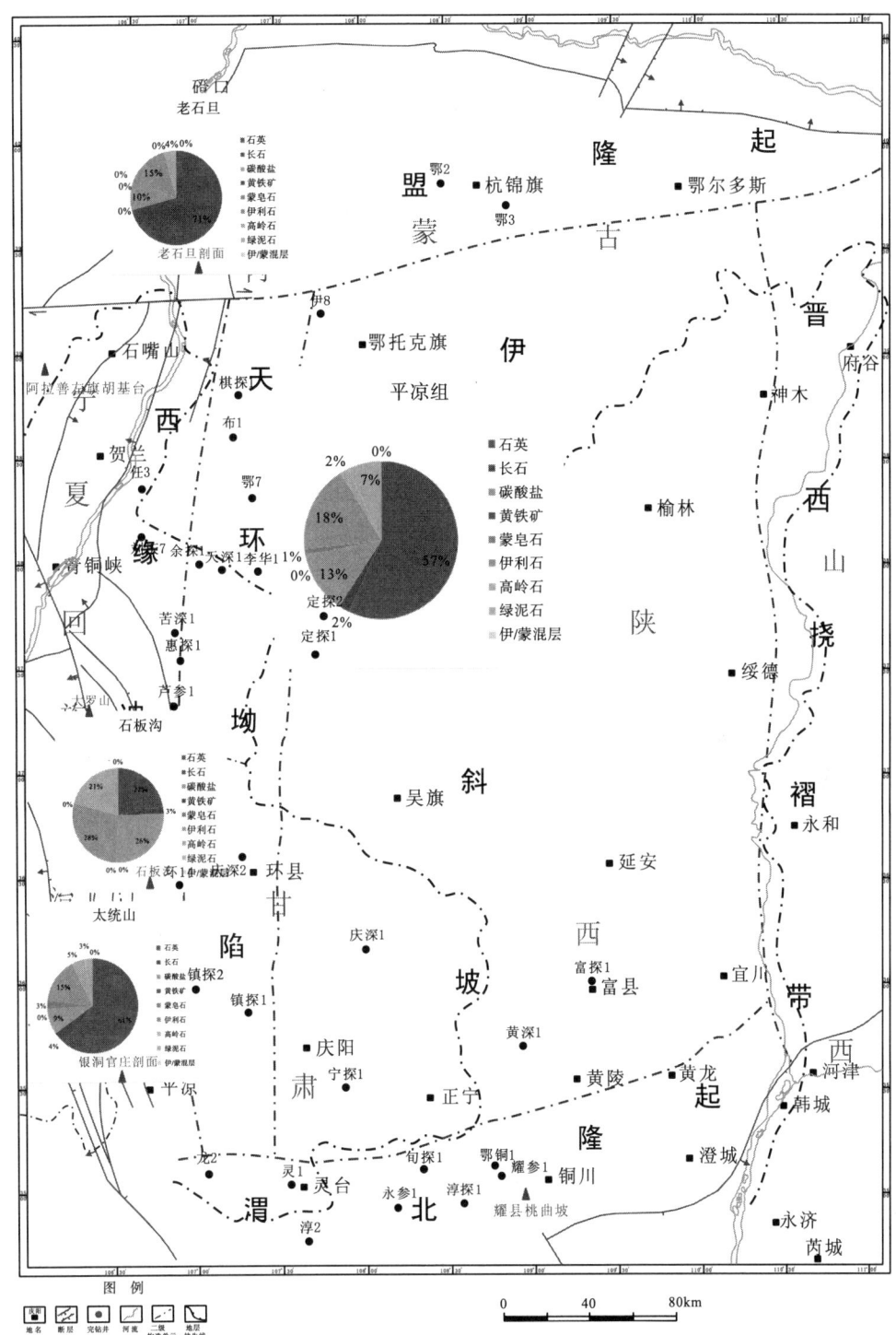

图6-4 鄂尔多斯盆地平凉组泥(页)岩不同地区矿物含量分布图

6.2 平凉期页岩微－纳米孔隙类型

6.2.1 实验仪器与方法

本次实验中研究微－纳米孔隙类型使用成都理工大学"油气藏地质及开发工程"国家重点实验室场发射扫描电镜/能谱分析仪。主要由场发射环境扫描电子显微镜(Quanta250FEG)和能谱仪(Oxford INCAx-max20)两部分组成,分辨率可达1.4nm。部分样品使用香港大学病理学楼电镜中心 Hitachi S4800 场发射扫描电镜分析观察。

6.2.2 微－纳米孔隙类型

目前,对页岩孔隙有多种分类方案,国外有无机孔隙和有机孔隙,微米、纳米与介孔(Loucks R G, et al., 2009, 2012)等分类,在此基础上进一步细分。国际纯化学和应用化学联合会(IUAPC)按照孔径大小,将孔隙分为微孔(直径<2nm),介孔(直径2~50nm)和宏孔(直径>50nm)。邹才能等(2011)将孔隙划分为毫米级孔、微米级孔、纳米级孔3种类型。本次页岩样品扫描电镜观察到的纳－微米孔隙类型有胞外聚合物(extracellular polymeric substances)孔隙、生物笔石体腔孔隙、黏土矿物粒间孔隙、粒内孔隙、矿物晶体间孔隙、溶蚀孔(粒间溶蚀微孔和粒内溶蚀微孔)、微裂缝等。

1. 胞外聚合物(EPS)微－纳米孔隙

属于有机孔隙类型,胞外聚合物为微生物的附属物,堆积在细胞外围,具保护作用的基质,图6-5a观察到胞外聚合物呈黏附的团块状有机质状态,微－纳米孔隙发育,呈不规则的,似气泡状,孔隙大小介于50nm~5μm,鄂尔多斯盆地延长组长7页岩胞外聚合物对比如图6-5b、c。

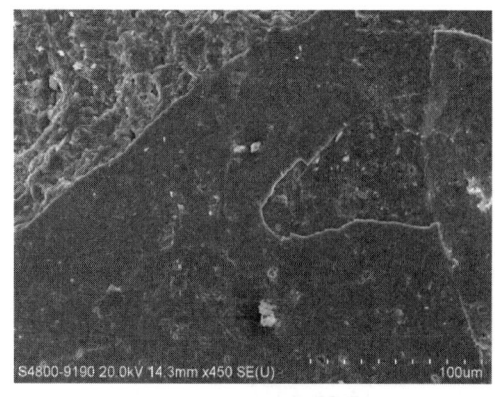

a 有机质与黏土矿物混合形成的胞外聚合物发育微孔隙,乌拉力克组,老石旦

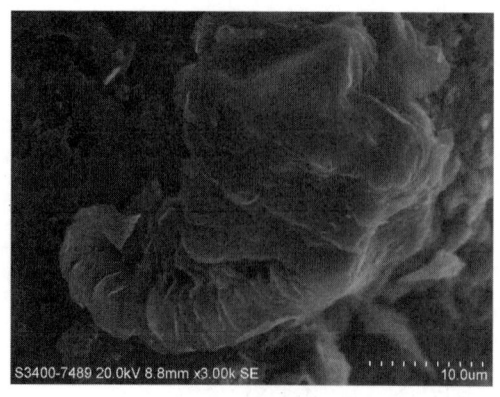

b 长7页岩胞外聚合物对比,发育微孔隙,延长组

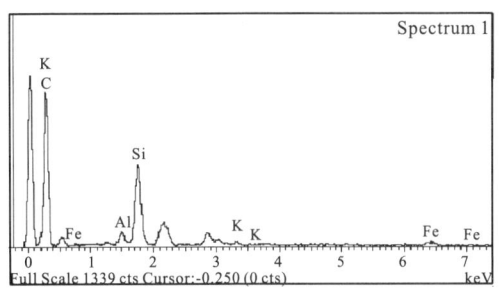

c 胞外聚合物能谱

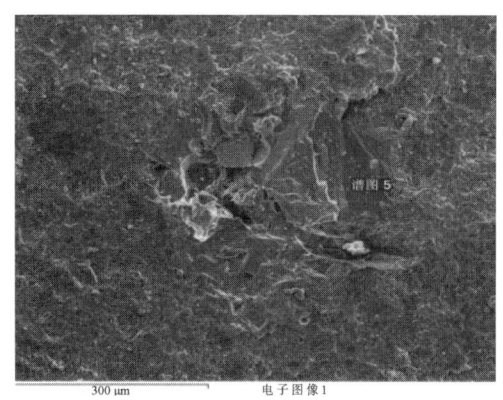

d 生物笔石体腔孔隙，笔石横断面，
背散射电子图像，乌拉力克组，老石旦

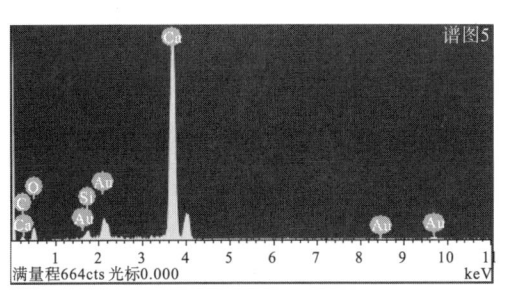

e 笔石横断面方解石化，能谱确认

f 粒间微孔隙，拉什仲组，石板沟

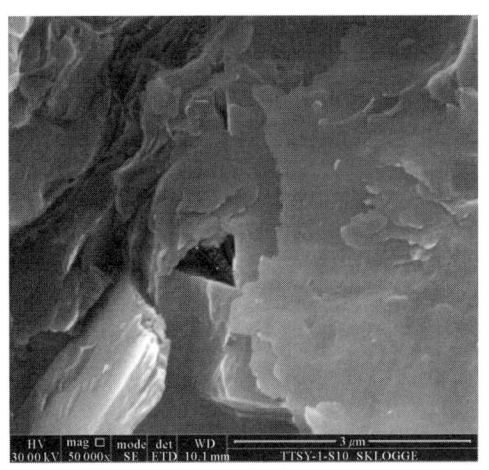

g 黏土矿物粒内微孔隙，平凉组，
太统山

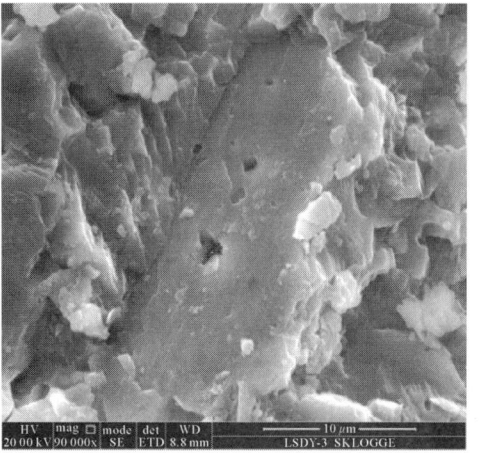

h 方解石粒内微孔，乌拉力克组，
老石旦

i 草莓状黄铁矿，乌拉力克组，老石旦

j 粒内溶蚀孔充填针铁矿，自生石英，晶间孔，拉什仲组，石板沟

k 粒间溶蚀微孔，平凉组，太统山

l 颗粒溶蚀，次生溶蚀孔，平凉组，太统山

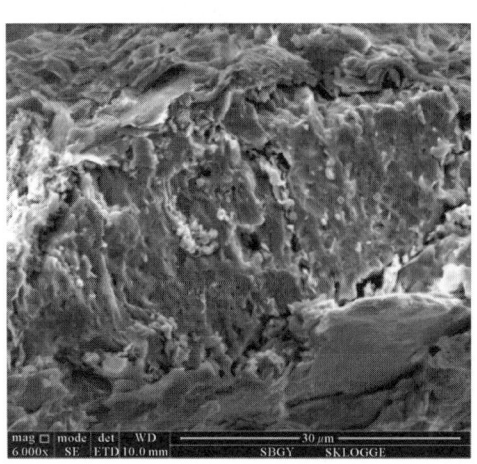

m 岩屑粒内溶蚀微孔，拉什仲组，石板沟

n 长石沿解理溶蚀，次生溶蚀孔，米钵山组，小罗山

o 云母片理缝，乌拉力克组，老石旦　　　　　p 收缩缝，平凉组，太统山

图 6-5　平凉组页岩微孔隙类型

2. 生物笔石体腔孔隙

生物可能通过扰动沉积物、产生粪便或通过它们本身就带有孔隙的骨骼或外壳而产生颗粒内孔隙(Slatt and Brien，2011)，笔石动物是奥陶纪扮演重要角色的海洋群体生物(张元动等，2008)，在平凉期聚集式保存在乌拉力克组黑色页岩中，在拉什仲组粉砂质页岩中零星分布。图 6-5d 笔石横断面、图 6-5e 能谱分析(EDX)元素点图表明：笔石被方解石化。

3. 黏土矿物粒间孔隙

为原生孔隙，主要发育于颗粒接触处，矿物颗粒堆积而形成，尤其在黏土矿物粒间孔大量存在，多为不规则状、拉长状(图 6-5f)。粒间孔隙主要为微米级，纳米级很少见，孔隙大小介于 1nm~30μm。

4. 粒内孔隙

孔径相对较小，从几十纳米到 2 微米。见黏土矿物、方解石粒内微-纳米孔(图 6-3g、h)。黏土矿物转化过程会产生大量粒内孔。

5. 矿物晶体间孔隙

矿物晶体生长堆积形成的微孔隙，主要见于石英晶体、草莓状黄铁矿和针铁矿晶体间微-纳米孔隙，草莓状黄铁矿和针铁矿主要见于拉什仲组，草莓状黄铁矿偶见于乌拉力克组，充填于粒间孔、粒内溶孔等，草莓状黄铁矿微球粒和针铁矿针形晶体发育纳米级矿物晶间孔隙(图 6-5i、j)，黄铁矿微球粒小于 1μm，晶间孔孔径范围从几十纳米到 1 微米。

6. 溶蚀孔

有粒间溶蚀微孔和粒内溶蚀孔(图 6-5k、l、m)，主要为不稳定矿物如石英、碳酸盐、长石、黏土矿物等会因发生溶蚀而形成溶蚀孔，边缘不规则，长石观察到沿着解理溶蚀形成的次生孔隙(图6-5n)。

7. 微裂隙

平凉组笔石页岩中存在不同尺寸的微裂隙，在晶间和晶内都见发育。在靠近青铜峡－固原断裂带附近裂隙变形特征发育，其有助于研究构造背景，薄片下有电镜下观察到的云母片理缝、成岩作用收缩缝等(图6-5o、p)。这些微裂隙对后期人工裂缝的延伸起到积极作用。

综上所述，平凉组下段笔石发育程度较高，胞外聚合物微－纳米孔隙、生物笔石体腔孔隙主要见于该组，平凉组上段笔石发育程度较低，此类孔隙不发育，另外，矿物(草莓状黄铁矿和针铁矿)晶体间孔隙主要见于平凉组上段。

6.3 平凉期页岩微储层影响因素分析

6.3.1 实验仪器与方法

研究孔隙结构特征为美国Quantachrome公司生产的成都理工大学"油气藏地质及开发工程"国家重点实验室比表面积及孔径测定仪，该仪器的吸附－脱附相对压力(P/P_0)范围为0.001～0.998，孔径测量范围为0.35～500nm。实验过程：样品放入特定的长管(耐高温和低温)中，在150℃真空环境下脱气4h后，放入液氮瓶中后(不接触瓶壁)，固定在仪器上开始分析，恒温下逐步升高气体分压，测定页岩样品对其相应的吸附量，由吸附量对分压作图，可得到页岩样品的吸附等温线；反过来逐步降低分压，测定相应的脱附量，由脱附量对分压作图，则可得到对应的脱附等温线。选用多点BET模型线性回归算出样品的比表面积，主要原理是通过气体吸附量测定，采用开尔文方程(吸附量、温度、压力、比表面参数)确定孔隙半径，利用赫尔宽方程确定吸附层厚度，在通过毛细管压力第一公式确定页岩储层毛细管压力计算方法。选用DFT模型计算得到孔喉直径分布、孔隙体积等参数。

6.3.2 笔石页岩孔隙度及比表面积

1. 笔石页岩物性分析

目前来说，气体法孔渗测定相对效果好一些，本次采用无水乙醇孔隙度测定法测定样品孔隙度，结果表明石英含量相对较低、方解石和黏土矿物含量相对较高的粉砂质含笔石页岩孔隙度明显偏大，最高可达13.44%，如石板沟地区样品石英质量分数平均为22%，其孔隙度最高值达13.44%；石英富集的样品孔隙度偏小，平均在4%左右，如老石旦地区样品石英质量分数平均为66.25%，太统山地区样品石英质量分数平均为56.5%，其孔隙度值均较小(表6-2)。

表 6-2 平凉组笔石页岩孔隙度统计

露头	样品编号	层位	岩性	石英/%	长石/%	方解石/%	黏土矿物/%	孔隙度/%	密度/(g/cm³)
石板沟	SBGY-5-Z3	平凉组上段	灰绿色粉砂质含笔石页岩	22	3	26	49	13.44	2.34
老石旦	LSDY-1-Z6	平凉组下段	黑色笔石页岩	69	0	11	20	4.76	2.42
老石旦	LSDY-4-Z8	平凉组下段	深灰色笔石页岩	72	0	8	20	4.00	2.43
老石旦	LSDY-6-Z9	平凉组下段	黑色笔石页岩	63	0	11	26	2.39	2.47
老石旦	LSDY-10-Z12	平凉组下段	深灰色笔石页岩	61	0	12	27	1.65	2.53
胡基台	HJTY-4-Z14	樱桃沟组	浅灰色粉砂质页岩	25	2	1	72	3.21	2.61
太统山	TTSY-1-Z15	平凉组下段	灰色含钙笔石页岩	52	4	15	29	4.29	2.49
太统山	TTSY-5-Z18	平凉组下段	灰色笔石页岩	48	3	5	44	8.68	2.33
太统山	TTSY-6-Z19	平凉组下段	深灰色笔石页岩	69	5	2	24	3.37	2.45
太统山	TTSY-7-Z20	平凉组下段	深灰色笔石页岩	57	5	6	32	3.36	2.47

2. 笔石页岩吸附曲线特征

按照液氮吸附曲线所表征的毛管压力曲线的分布来看，总体呈反"S"形，吸附曲线随着 P/P_0 增加而上升，脱附曲线特征为在 P/P_0 最大处氮气开始下降，在 $P/P_0 \approx 0.5$ 时，脱附曲线多呈平台状，即气体吸附量突然变小。根据液氮吸附曲线特征，鄂尔多斯盆地平凉组笔石页岩微孔结构可以分为两类，即Ⅰ类(42、45、48)和Ⅱ类，其中以Ⅱ类为主，其孔隙类型较为复杂(图6-6)。

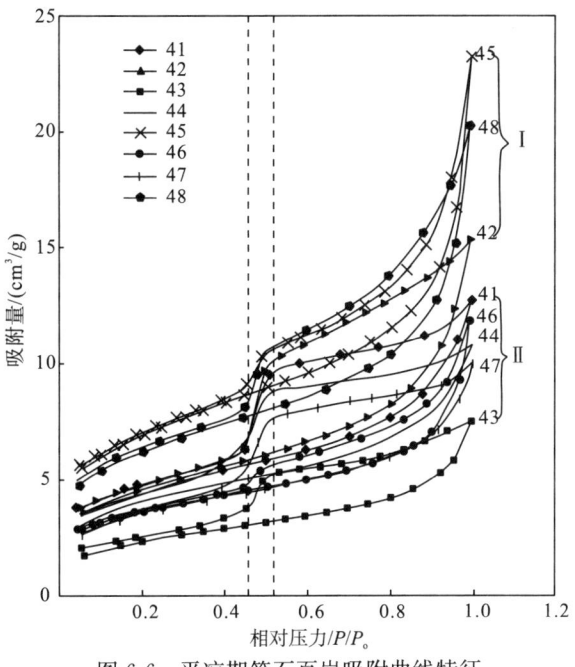

图 6-6 平凉期笔石页岩吸附曲线特征

3. 无机矿物成分对比表面积的影响

前人研究结果表明：比表面积受无机矿物的类型影响较大，主要与石英、长石、方解石及黏土矿物等有关(Kennedy, et al., 2006)。石板沟样品和太统山样品均为粉砂质含笔石页岩，黏土矿物(主要为伊利石和绿泥石)含量高，方解石含量相对较高，石英含量相对较低，故其比表面积(S_{BET})相对较大，分别为 23.527m^2/g 和 21.221m^2/g，说明平凉组黏土矿物对比表面积影响较大。

4. 比表面与 TOC、R_o、S_1+S_2 的关系

对页岩中笔石种类及数量进行的研究，发现随着笔石数量的增加，TOC 有增加的趋势，笔石主要是由含 O、N 等杂原子基团的高分子化合物的聚合物蛋白质组成，成熟度较低时是一种极好的成烃母质(张元动和陈旭, 2008)。平凉期笔石主要聚集式保存在乌拉力克组黑色页岩中。对 8 件页岩样品进行了比表面积与有机地球化学参数分析(见表 6-3)。按 TOC=1% 为界分两类情况分析，S_{BJH} 与 TOC 分别呈正相关；而 TOC 大于 1% 时，S_{BET} 与 TOC 呈正相关，TOC 小于 1% 时，S_{BET} 与 TOC 呈负相关，说明 TOC 小于 1% 时，比表面积与 TOC 关系较为复杂(见图 6-7a)。比表面积为 10~20m^2/g 时，S_{BET}、S_{BJH} 与 R_o 均呈正相关，比表面积为 20~25m^2/g 时，S_{BJH} 与 R_o 呈负相关(见图 6-7b)，其原因主要跟岩性及无机矿物组成相关。比表面积与(S_1+S_2)部分呈正相关，部分投点相关性不明显(见图 6-7c)。上述分析表明孔隙结构研究需要考虑 TOC 及 R_o 值。另外，对页岩中笔石种类及数量进行研究发现，随着笔石数量的增加，TOC 有增加的趋势，平凉组下段笔石发育程度较高，其 TOC 值也相对较高(见表 6-3)。

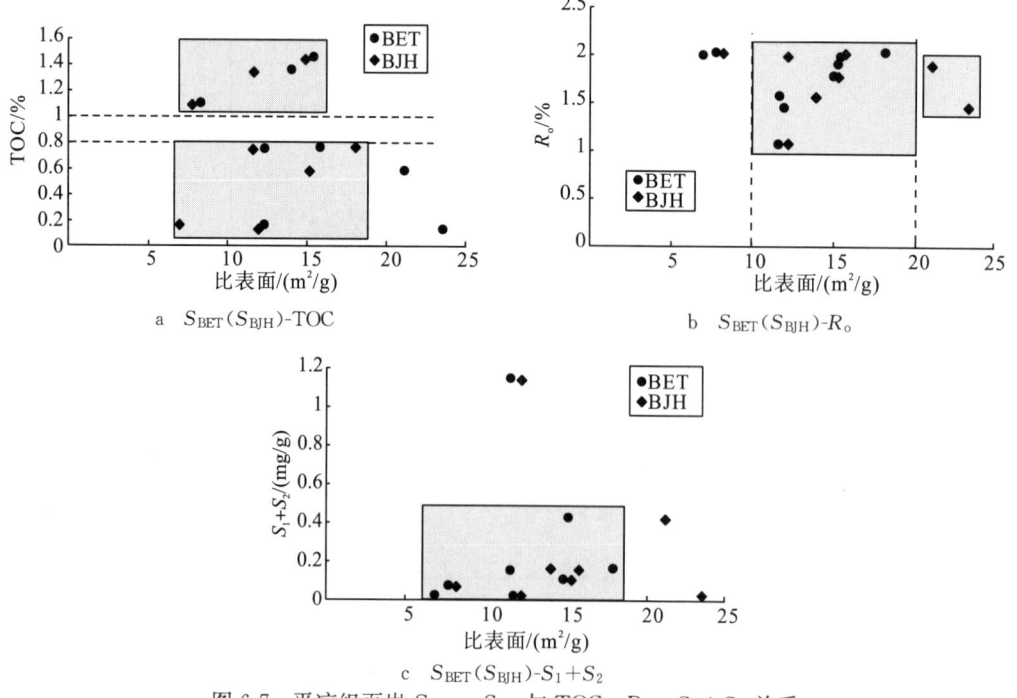

a $S_{BET}(S_{BJH})$-TOC

b $S_{BET}(S_{BJH})$-R_o

c $S_{BET}(S_{BJH})$-S_1+S_2

图 6-7 平凉组页岩 S_{BET}、S_{BJH} 与 TOC、R_o、S_1+S_2 关系

表 6-3　平凉期笔石页岩 S_{BET}(S_{BJH})与有机地球化学参数统计表

样品编号	S_{BET}/(m²/g)	S_{BJH}/(m²/g)	TOC/%	R_o/%	(S_1+S_2)/(mg/g)
LSDY-2	15.427	14.913	1.440	1.77	0.10
LSDY-4	15.851	18.058	0.764	2.01	0.16
LSDY-8	8.284	7.791	1.090	2.01	0.07
LSDY-9	14.046	11.625	1.340	1.56	0.16
SBGY-2	23.527	11.923	0.132	1.45	0.01
SBGY-5	12.296	6.993	0.166	1.98	0.02
TTSY-2	12.302	11.593	0.749	1.07	1.14
TTSY-5	21.221	15.186	0.581	1.89	0.42

6.3.3　笔石页岩元素组成及与有机地球化学参数相关性

1. 笔石页岩稀土元素特征

三个分区样品笔石页岩稀土总量中等－较高，平均 $\sum REE=126.43\times 10^{-6}\sim 182.65\times 10^{-6}$，环县南湫乡石板沟 $\sum REE$ 相对最高，平均 LREE/HREE$=7.82\sim 13.76$，轻、重稀土分馏作用较强，轻稀土富集，平均 $La_N/Yb_N=8.58\sim 11.09$，REE 的分异程度石板沟样品略低于其他 2 个分区。平均 $\delta Eu=0.587\sim 0.599$，显示 Eu 中等程度负异常，平均 $\delta Ce=0.998\sim 1.10$，基本不显示 Ce 异常，表明三个分区水体氧化还原沉积环境差别不大；球粒陨石标准化配分模式为右倾谱型，轻稀土呈右倾状，重稀土呈平坦分布。三个分区样品稀土配分模式具有相似性，推测其来自于相同物源(表 6-4，图 6-8)。

表 6-4　平凉期笔石页岩主、微量、稀土元素与有机地化参数统计表

露头	岩性	$\sum REE$ /10^{-6}	LREE /HREE	δEu	δCe	LREE /10^{-6}	HREE /10^{-6}	La /Yb	Zr /Al	(V+Ni) /10^{-6}	V /(V+Ni)
内蒙乌海老石旦	黑色笔石页岩	126.43(6)	8.72(6)	0.587(6)	1.010(6)	113.39(6)	13.03(6)	9.76(6)	8.37(6)	269.78(6)	0.80(6)
甘肃平凉太统山	深灰色笔石页岩	142.59(5)	10.44(5)	0.594(5)	1.100(5)	129.58(5)	13.01(5)	11.09(5)	9.04(5)	125.74(5)	0.71(5)
环县南湫石板沟	粉砂质钙质含笔石页岩	182.65(5)	7.82(5)	0.599(5)	0.998(5)	161.94(5)	20.71(5)	8.58(5)	11.83(5)	138.13(5)	0.75(5)

露头	岩性	Rb /K	SiO_2 /%	TiO_2 /%	Al_2O_3 /%	Fe_2O_3 /%	S_{BET} /(m²/g)	TOC /%	R_o /%	(S_1+S_2) /(mg/g)
内蒙乌海老石旦	黑色笔石页岩	45.80(6)	73.23(6)	0.51(6)	10.13(6)	3.20(6)	13.40(4)	0.903(33)	1.77(6)	0.069(33)
甘肃平凉太统山	深灰色笔石页岩	45.30(5)	69.42(5)	0.56(5)	11.81(5)	4.80(5)	16.76	0.480(40)	1.43(5)	0.840(18)
环县南湫石板沟	粉砂质钙质含笔石页岩	55.95(5)	57.61(5)	0.85(5)	15.29(5)	6.18(5)	17.91	0.099(43)	1.69(4)	0.011(8)

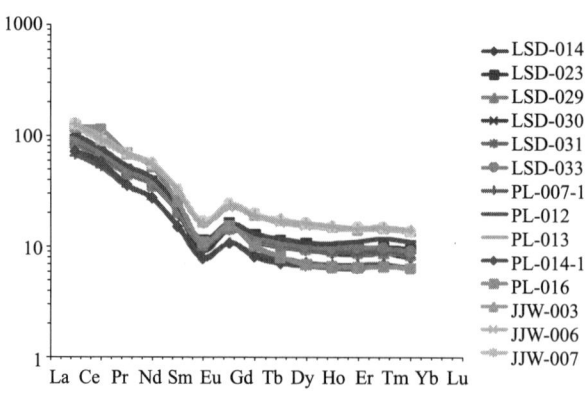

图 6-8 平凉组笔石页岩稀土配分模式

2. 笔石页岩元素组成与有机地化参数相关性

表 6-4 显示：老石旦露头黑色笔石页岩 TOC 值最高，太统山露头次之，而石板沟粉砂质钙质含笔石页岩最低。石板沟露头页岩 Fe 含量、ΣREE 值、Al_2O_3 含量、TiO_2 含量明显高于老石旦、太统山露头黑色笔石页岩，Al_2O_3、TiO_2 可作陆源组分的代表，而石板沟露头页岩样品 SiO_2 含量低于其他 2 个地区样品；老石旦样品（V+Ni）含量是另外 2 个地区样品的 2 倍，其 TOC 也高于另外 2 个地区。通常有机质是稀土元素最强的吸附剂之一，即稀土元素丰度较高的样品主要分布在富含有机质层段（孟庆涛等，2013），如下扬子二叠系龙潭组黑色炭质页岩 ΣREE 与 TOC 明显呈正相关（江纳言等，1994），而石板沟、老石旦、太统山露头样品 ΣREE 与 TOC 具负相关性，说明 ΣREE 较高可能不是有机质富集导致，而是与稀土元素赋存矿物有关。另外太统山地区有 7 件样品（S_1+S_2）值大于 1mg/g，其原因有待进一步分析。

6.4 笔石页岩含气性与 S_{BET}、TOC 和 R_o 的关系

先进行 N_2 扩展校正，在高压条件下，利用吸附设备测定 CH_4 的等温曲线，然后根据兰氏方程进行吸附气体量的计算。等温吸附模拟是解吸的逆过程，在 30℃ 高压条件下，测量 CH_4 的等温线，获得吸附气含量数据。选取老石旦剖面 2 组样品进行等温吸附实验，LSDY-2 样品位于平凉组下段，距底界 2.5m，LSDY-9 样品距底界 18m。测得兰氏体积分别为 $1.77m^3/t$、$1.79m^3/t$，兰氏压力分别为 0.65MPa、1.56MPa，获得理论吸附气量为 $0.65m^3/t$ 和 $1.56m^3/t$，平均吸附气含量为 $1.105m^3/t$。对应样品进行了 S_{BET}、TOC 和 R_o 测试（见表 6-5、图 6-9），可见吸附气量与 S_{BET}、TOC、R_o 正相关。

表 6-5 平凉期笔石页岩吸附气量与有机地化参数统计表

样品编号	吸附气量/(m^3/t)	$S_{BET}/(m^2/g)$	TOC/%	R_o
LSDY-2	1.56	15.427	1.44	1.77
LSDY-9	0.65	14.046	1.34	1.56

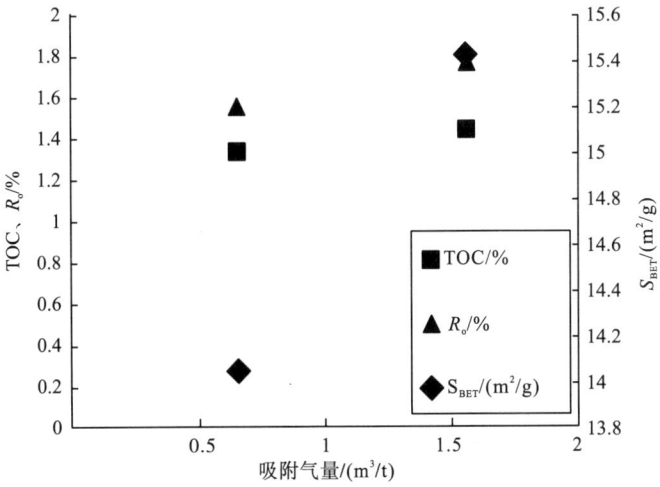

图 6-9 吸附气量与 S_{BET}、TOC 和 R_o 关系

第7章 平凉期页岩与五峰－龙马溪组页岩气差异讨论

中国南方上奥陶统五峰组－下志留统龙马溪组为一套含笔石页岩，属深水陆棚沉积，沉积规律与鄂尔多斯盆地下古生界平凉组笔石页岩极具相似性，重庆涪陵页岩气田的工业性开发说明龙马溪组页岩气储量可观，而作为页岩气勘探潜力层系之一平凉组与龙马溪组差异问题值得探讨。

7.1 龙马溪组页岩储层划分

龙马溪组页岩储层实质为上奥陶统五峰组＋下志留统龙马溪组页岩储层，而五峰组在这套页岩气储层中有重要的作用。五峰组底部为黏土质页岩，TOC约为5%～7%，向上TOC逐渐增加，上部约1m多为观音桥段，硅质笔石页岩(图7-1a)，TOC可达10%，以盛产大量的 *Hirntia-Kimella* 为代表的腕足动物和以 *Dalmanlina* 为代表的三叶虫为特点，夹极薄层斑脱岩(图7-1b)。五峰组＋龙马溪组页岩储层厚40～50m为有利层段，其储层厚度较为稳定。龙马溪组页岩储层段以上相对脆性矿物含量低，黏土矿物含量高的层段均可作为上覆盖层(图7-2)，而平凉组就厚度而言不如龙马溪组稳定，上覆盖层为拉什仲组粉砂质页岩及薄层灰岩，黏土矿物含量不如龙马溪组，页岩盖层条件较差。

a 观音桥段深灰色硅质页岩，含炭质，五峰组，重庆石柱漆辽剖面　　b 淡黄色斑脱岩，五峰组，重庆石柱漆辽剖面

图7-1 五峰组页岩及斑脱岩特征

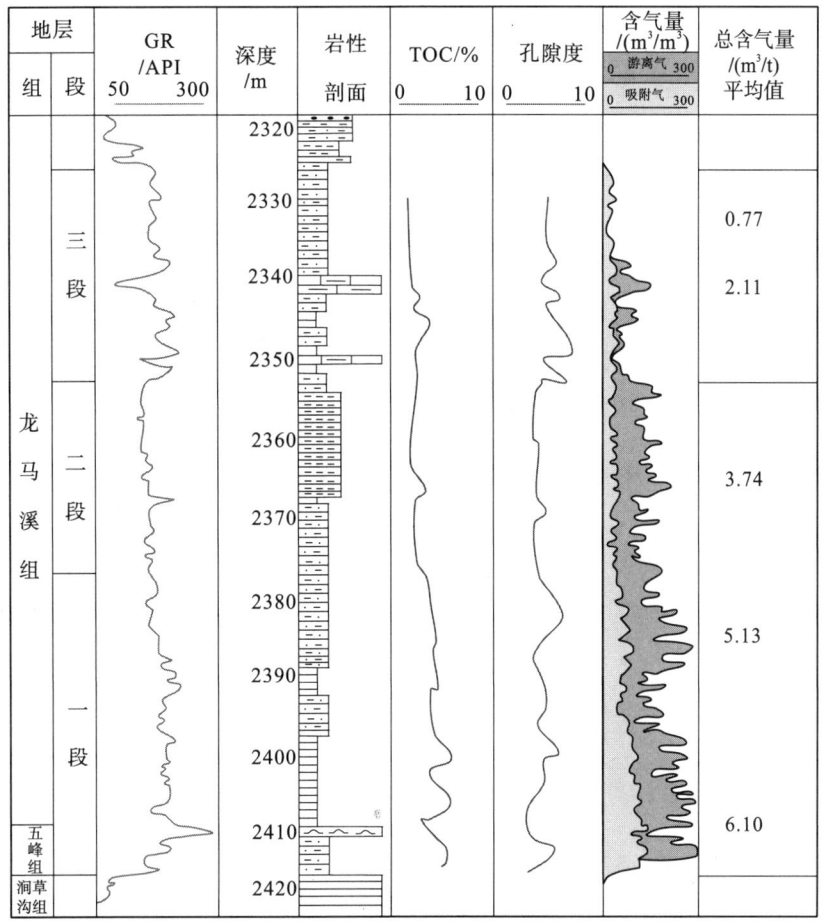

图 7-2 焦石坝五峰-龙马溪组页岩气储层特征(郭彤楼,2016)

7.2 有机地球化学差异

四川盆地及周缘五峰-龙马溪组下段及下寒武统下段有机质丰度高,类型以 I 型为主、II_1 型次之;TOC 平均为 2%~3%,演化程度高 R_o 一般在 2.0% 以上。

以武隆-正安区块、黔江区块和恩施-利川区块为例,进行有机地化参数分析。

恩施-利川区块:实测 12 件样品 TOC 为 1.1%~11.98%,平均为 3.12%。利川活龙坪 TOC 平均为 3%,TOC 最高值样品在毛坝剖面,而走马-鹤峰及两河口-沙道沟-高罗剖面相对较低,小于 2%(图 7-3)。实测 4 件样品 R_o 为 2.11%~2.96%,平均为 2.63%。

武隆-正安区块实测 8 件样品 TOC 为 0.16%~4.7%,平均为 2.07%。TOC 高值样品在道真沙坝水库-巴渔剖面底部和碧峰乡-安场剖面底部,可达 4.6%、4.7%,TOC 低值样品在道真沙坝水库-巴渔剖面上部和平胜-平模剖面上部,均小于 1%。实测 5 件样品 R_o 为 2.08%~2.94%,平均为 2.4%。

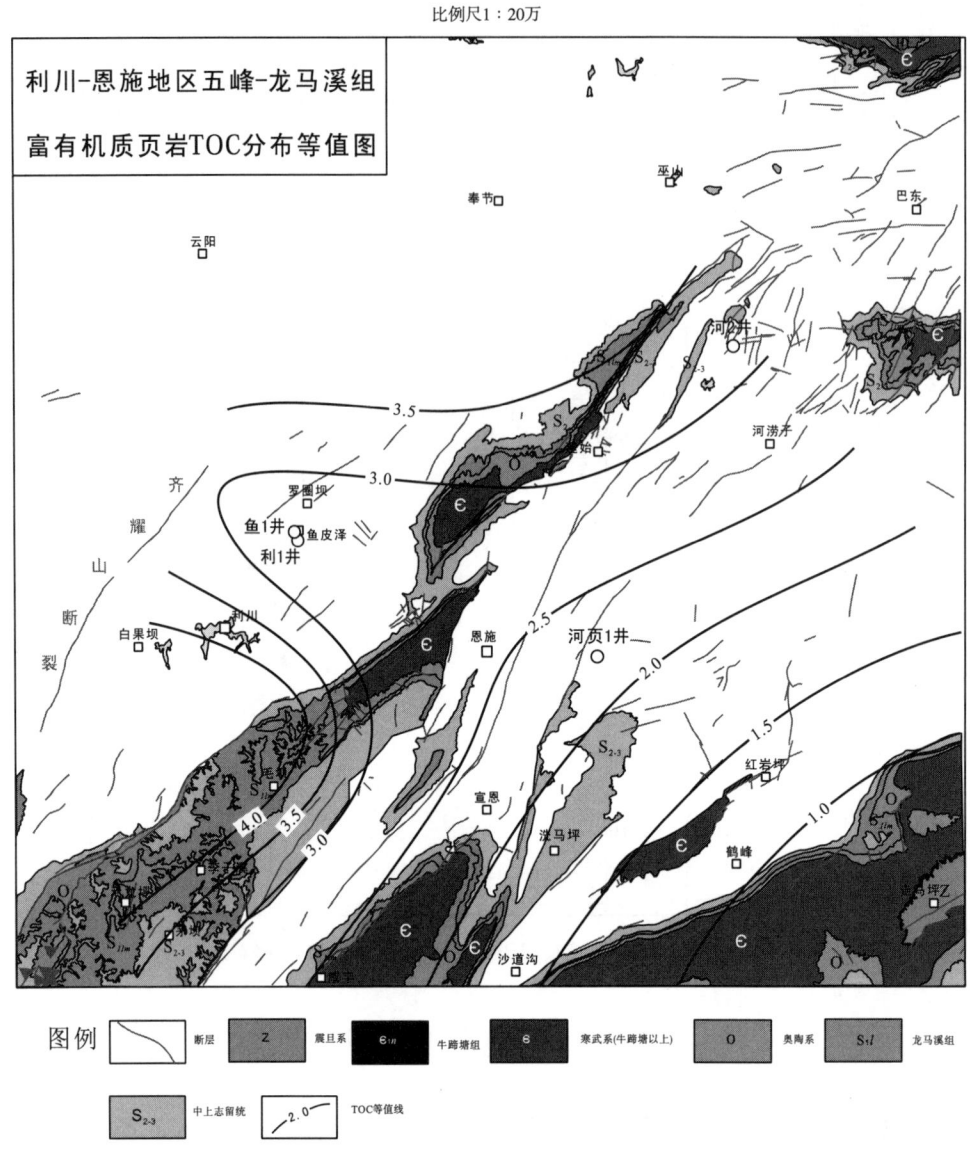

图 7-3 恩施-利川区块五峰-龙马溪组页岩 TOC 分布图

黔江石会区块 5 件样品 TOC 为 0.34%~5.01%，平均为 2.27%。TOC 高值样品在黔江金溪镇剖面底部，达 5.01%，而 TOC 低值样品在金溪镇剖面和石会镇剖面上部，为 0.34%~0.36%。实测 6 件样品 R_o 为 2.04%~2.63%，平均为 2.34%。

有机地化参数分析表明：五峰组＋龙马溪组页岩储层段 TOC 远远大于平凉组下段（乌拉力克组），而 R_o 同样远大于平凉组。同时，代表硫同位素特征的硫酸根还原菌的黄铁矿在五峰组＋龙马溪组页岩中普遍发育，发育程度远超过平凉组（图 7-4），表明五峰组＋龙马溪组还原环境强于平凉组，而草莓状黄铁矿的大量发育可能与甲烷菌的活动和繁殖有一定关系。

第7章 平凉期页岩与五峰—龙马溪组页岩气差异讨论

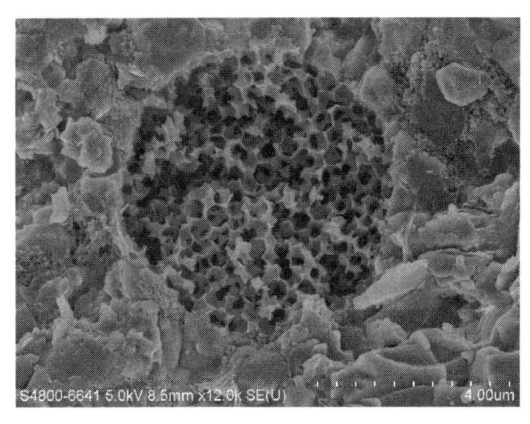
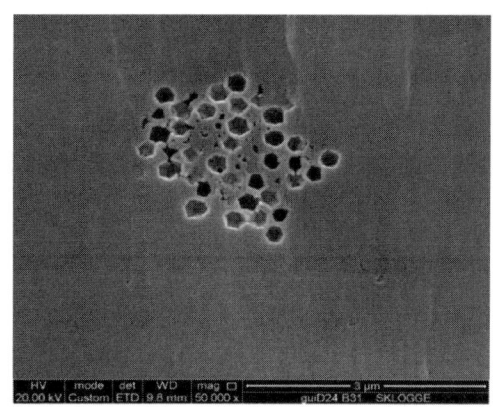

图7-4　草莓状黄铁矿及铸模孔发育，龙马溪组，重庆大有镇

7.3　含气性差异

通过搜集相关资料对龙马溪组页岩含气性初步分析，得出彭页1井、渝页1井龙马溪组页岩等温吸附的结果如图7-5、图7-6，根据等温吸附原理估算龙马溪组页岩含气量。

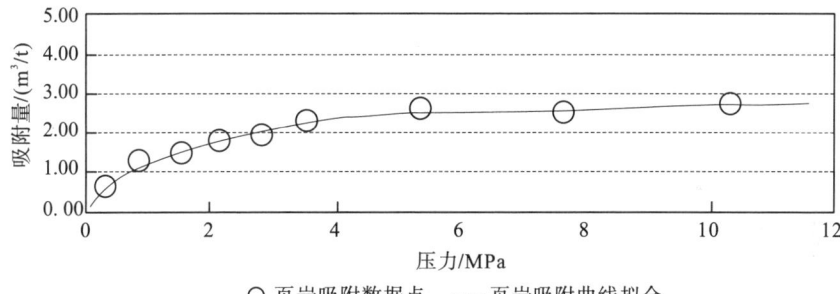

图7-5　彭页1井2155.12～2155.16m页岩段等温吸附曲线图

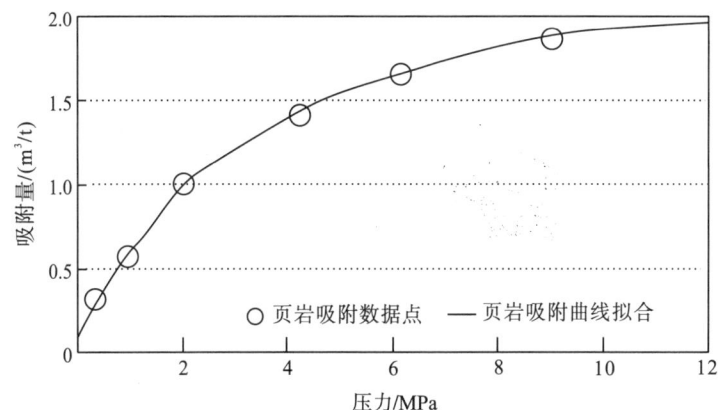

图7-6　渝页1井186m页岩段等温吸附曲线图

通过对彭页1井和渝页1井的等温吸附的研究，得到的结论是可以将其划分为三个阶段，当压力<2MPa时，吸附量基本呈直线上升趋势；当压力在2～9MPa时，吸附量

上升趋势平缓；当压力>9MPa时，吸附量基本不增加，呈水平直线趋势。彭页1井的平均吸附量大致为 $2.35m^3/t$，渝页1井的平均吸附量大致为 $2.16m^3/t$。

对四川盆地及周缘五峰－龙马溪组含气性统计（表7-1）发现，含气情况变化大，但在盆地内及盆缘页岩气勘探情况较好，含气情况也较好；通过比较而言，五峰组＋龙马溪组含气性好于平凉组。

表7-1 四川盆地及周缘部分井龙马溪组产气（含气）情况统计

地区	井号	层位	深度/m	产气情况/($10^4m^3/d$)
盆内	威远	威201-H1	龙马溪	2823	1.31
盆内	威远	威202井	龙马溪	2700	0.3~1.7
盆内	威远	威203井	龙马溪	2760	0.47
盆内	泸县	阳101井	龙马溪	3577	5.0~6.0
盆内	泸县	阳202-H2	龙马溪	4544	43
盆缘	长宁	宁203井	龙马溪	2406.3	0.75~1.5
盆缘	长宁	宁201-H1	龙马溪	3790	14~15
盆缘	武隆	焦页1井	龙马溪	2420	20.3
雪峰西改造区	武隆	渝页1井	龙马溪	280	微含气
雪峰西改造区	武隆	渝参4井	龙马溪	750	2.69(m^3/t)
雪峰西改造区	黔江	渝浅1井	龙马溪	296.1	0.429(m^3/t)
雪峰西改造区	黔江	黔页1井	龙马溪	792	0.3
雪峰西改造区	黔江	黔浅1井	龙马溪	782	2.1(m^3/t)
雪峰西改造区	彭水	彭页1井	龙马溪	2155	2.3
雪峰西改造区	彭水	彭页HF-1	龙马溪	3446	2.5
雪峰西改造区	酉阳	Liuqian1	龙马溪	1140	1.6(m^3/t)
雪峰西改造区	酉阳	渝参6井	龙马溪	775	0.2(m^3/t)
雪峰西改造区	酉阳	渝参7井	龙马溪	850	0.2(m^3/t)
雪峰西改造区	酉阳	渝参8井	龙马溪	900	0.03(m^3/t)
雪峰西改造区	秀山	秀页3井	龙马溪	1808	0.38(m^3/t)
雪峰西改造区	秀山	秀页5井	龙马溪	1758	0.26(m^3/t)

7.4 页岩气保存条件

五峰－龙马溪组：产层上覆巨厚黏土质页岩，塑性好，泥质含量高、稳定性好；裂缝不发育的"大被子"，下伏泥质含量高、稳定性好、裂缝不发育的宝塔组"硬垫子"，富有机质页岩生成的油气排烃"不畅"，自封闭能力强，长期演化，残留气量大，形成超压页岩气层。

通过综合分析，建立了中上扬子重点区（焦石坝以东）海相页岩气保存模式（图7-7）：中上扬子页岩气保存主要为残余气藏，即保存越多，散失越少，页岩气越富集，断层发育对研究区页岩气保存为破坏作用,在构造运动强烈的地区,由于页岩生气时间较早,因此,在大断裂带范围内的页岩气保存条件较差,而且研究区上升泉水发育,泉水的分布也是与断层的分布密切相关,通过泉水的分布及其特征评价断层开启与封堵是非常有效的,以上表明远离断层保存条件较好。

下寒武统牛蹄塘组页岩气保存条件而言,上覆顶板主要为一套灰岩、白云岩等,封盖性能一般,下部底板主要为灯影组风化壳白云岩,为桐湾运动抬升后形成的较好风化壳储集体,页岩气扩散容易,牛蹄塘组残余页岩气相对较少。

上奥陶统五峰组和下志留统龙马溪组页岩就储层保存条件而言,上覆顶板包括龙马溪组中上部灰色页岩或粉砂质页岩,罗惹坪组泥质粉砂岩和粉砂质泥岩及小河坝组砂岩,东部一线小河坝组砂岩相对发育。上覆顶板封盖性能较好,而下部底板主要为上奥陶统宝塔组灰岩、泥灰岩,其泥质含量高、稳定性好,封闭性较好。五峰组+龙马溪组页岩气散失相对较少,排烃效率较低,残余页岩气相对较多,有利于页岩气富集。

相比较而言,平凉组上覆盖层黏土质含量低,下伏克里摩里组为灰岩,泥质含量不如宝塔组,封闭能力差,同时,平凉组发育的鄂尔多斯盆地西南缘断裂发育,不易形成大规模的超压气层,其保存条件逊于五峰组+龙马溪组。

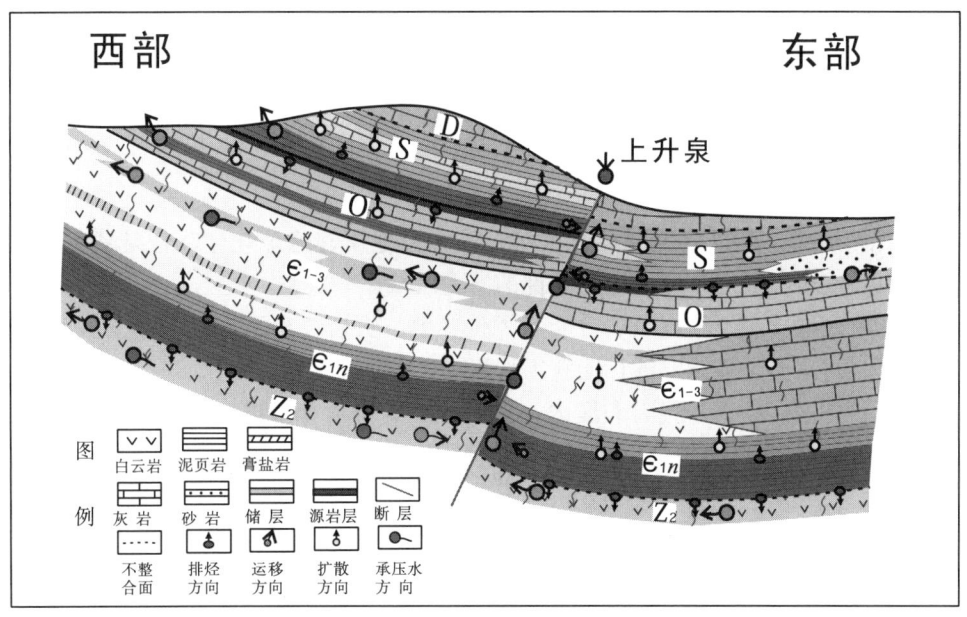

图 7-7 中上扬子重点区海相页岩气保存模式(据周文等,2014)

第8章 平凉期页岩气有利区优选

8.1 有利区优选参数确定的具体方法

8.1.1 页岩油选区标准

页岩油远景区：在区域地质调查基础上，结合地质、地球化学、地球物理等资料，优选出具备页岩油形成基本地质条件的潜力区域。

页岩油有利区：发育在优质生烃泥页岩层系内部，经过进一步钻探能够或可能获得页岩油流的区域。

页岩油目标区：在页岩油有利区内，在自然条件或经过储层改造后能够具有液态烃商业开采价值的区域(表8-1)。

8.1.2 页岩气选区标准

页岩气远景区：在区域地质调查基础上，结合地质、地球化学、地球物理等资料，优选出的具备规模性页岩气形成地质条件的潜力区域。

页岩气有利区：主要依据页岩分布、评价参数、页岩气显示以及少量含气性参数优选出来、经过进一步钻探能够或可能获得页岩气工业气流的区域。

页岩气目标区：在页岩气有利区内，主要依据页岩发育规模、深度、地球化学指标和含气量等参数确定，在自然条件或经过储层改造后能够具有页岩气商业开发价值的区域。

根据选区标准，对盆内中生界、下古生界页岩气评价层系进行页岩气资源选区划分(表8-1)。

表8-1 页岩油选区参考标准(张大伟，2012)

选区	主要参数	参考标准
远景区	沉积相	海相，陆相(深湖、半深湖、浅湖)等
	泥页岩厚度	有效泥页岩层段大于20m
	有机碳含量	TOC>0.5%
	有机质成熟度	$0.5\%<R_o<1.2\%$
	可改造性	脆性矿物含量>30%

续表

选区	主要参数	参考标准
有利区	有效泥页岩	有效层段连续厚度大于30m，泥页岩与地层单元厚度比值大于60%
	埋深	<5000m
	有机碳含量	TOC>1.0%
	有机质成熟度	$0.5<\%R_o<1.2\%$
	可改造性	脆性矿物含量>35%
	原油相对密度	<0.92
	含油率(重量百分比)	>0.1%
目标区	有效泥页岩	单夹层厚度小于3m，地层单元厚度比值大于60%，有效层段连续厚度大于30m
	埋深	1000~4500m
	有机碳含量	TOC>2.0%
	有机质成熟度	$0.5<\%R_o<1.2\%$
	可改造性	脆性矿物含量>40%
	原油相对密度	<0.92
	含油率(重量百分比)	>0.2%

在评价盆地平凉组海相页岩气储层时，需要控制以下几点因素。

(1)评价层段的确定：在含油(气)盆地中，录井在该段发现气测异常；在缺少探井资料的地区，要有其他油气异常证据；在缺乏直接证据情况下，要有足以表明页岩气存在的条件和理由。

(2)有效厚度：泥地比大于60%、连续厚度大于30m、最小单层泥(页)岩厚度大于6m。

(3)有效面积：连续分布的面积大于200~500km²。

(4)有机碳含量(TOC)和镜质体反射率(R_o)：TOC大于0.5%且具有一定规模的区域。成熟度：Ⅰ型干酪根>1.2%；Ⅱ型干酪根>0.7%；Ⅲ型干酪根>0.5%。

(5)埋藏深度：埋深在300~4500m。

(6)保存条件：无规模性通天断裂破碎带、非岩浆岩分布区、不受地层水淋滤影响等。

(7)含气量：大于0.5m³/t，低于0.5m³/t的层段，一般不具备工业开发条件。

8.2 平凉组有利区优选结果

根据页岩气选区标准和方法，优选了平凉组页岩气远景区及有利区，平凉组远景区主要位于西缘北段西缘冲断带、伊盟隆起、天环坳陷内，在乌海、石嘴山、贺兰、鄂托克前旗之间，呈南北向条带状展布，面积约19957.474km²。平凉组有利区主要位于西缘北段西缘冲断带、天环坳陷内的部分区域(图8-1)。

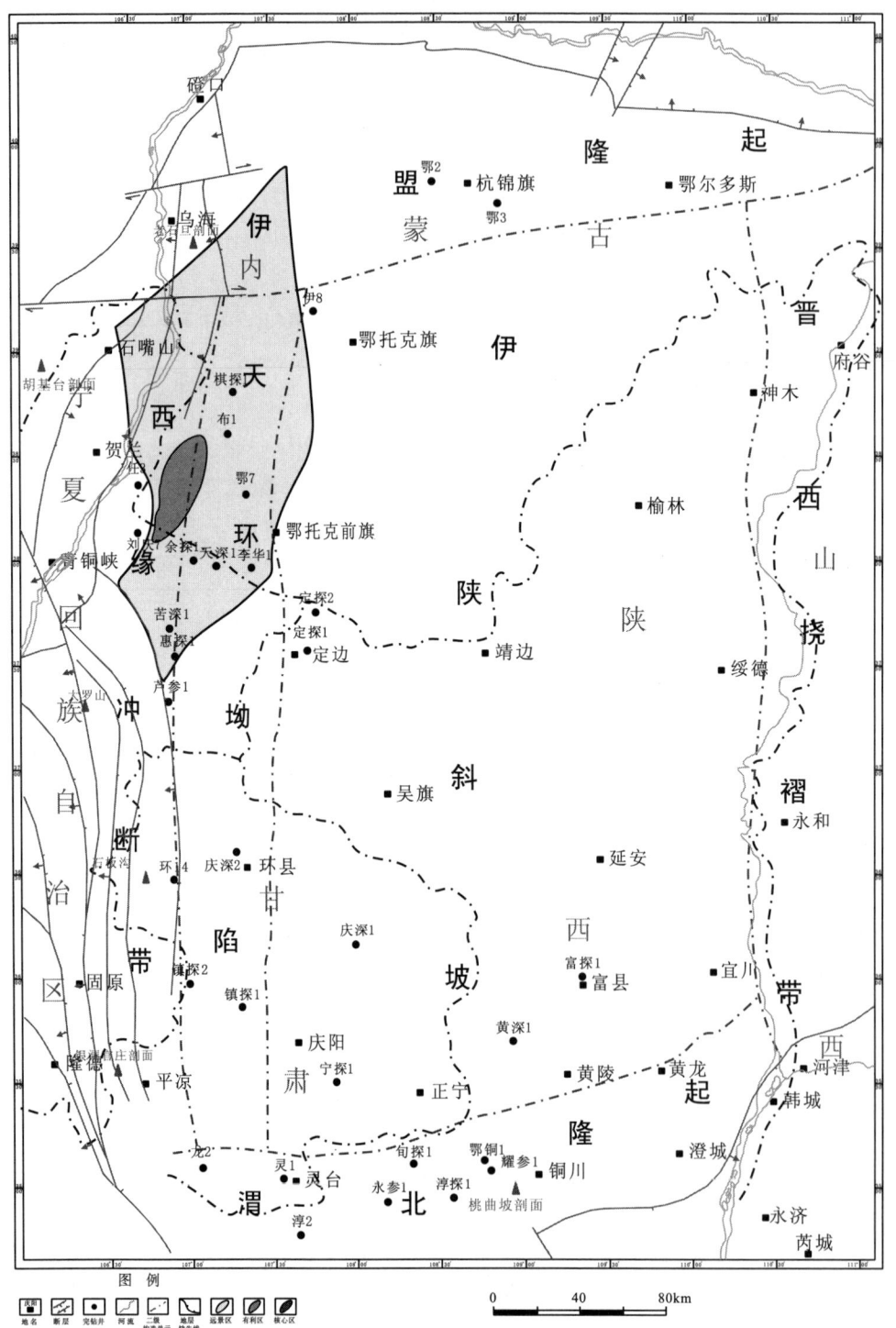

图 8-1 鄂尔多斯盆地平凉组页岩气选区分布图

参 考 文 献

白斌,朱如凯,吴松涛,等. 2013a. 利用多尺度CT成像表征致密砂岩微观孔喉结构[J]. 石油勘探与开发,40(3):329-333.

白斌,朱如凯,吴松涛,等. 2013b. 非常规油气致密储层微观孔喉结构表征新技术及意义[J]. 中国石油勘探,19(3):78-86.

陈孟晋,宁宁,胡国艺,等. 2007. 鄂尔多斯盆地西部平凉组烃源岩特征及其影响因素[J]. 科学通报,52(增刊Ⅰ):78-85.

陈尚斌,朱炎铭,王红岩,等. 2012. 川南龙马溪组页岩气储层纳米孔隙结构特征及其成藏意义[J]. 煤炭学报,37(3):438-444.

陈文玲,周文,罗平,等. 2013. 四川盆地长芯1井下志留统龙马溪组页岩气储层特征研究[J]. 岩石学报,29(3):1073-1086.

陈旭,张元动,樊隽轩,等. 2010. 赣南奥陶纪笔石地层序列与广西运动[J]. 中国科学D辑:地球科学,40(12):1621-1631.

邓昆,周文,邓虎成,等. 2013. 鄂尔多斯盆地平凉组页岩气富集地质条件[J]. 成都理工大学学报(自然科学版),40(5):595-602.

邓昆,周文,周立发,等. 2016. 鄂尔多斯盆地奥陶系平凉组笔石页岩微孔隙特征及其影响因素[J]. 石油勘探与开发,43(3):378-385.

董大忠,邹才能,杨桦,等. 2012. 中国页岩气勘探开发进展与发展前景[J]. 石油学报,33(增刊Ⅰ):107-114.

樊隽轩,Melchin M J,陈旭,等. 2012. 华南奥陶-志留系龙马溪组黑色笔石页岩的生物地层学[J]. 中国科学:地球科学,42(1):130-139.

傅力浦,胡云绪,张子福,等. 1993. 鄂尔多斯中、上奥陶统沉积环境的生物标志[J]. 西北地质科学,14(2):1-87.

高振中,罗顺社,何幼斌,等. 1995. 鄂尔多斯地区西缘中奥陶世等深流沉积[J]. 沉积学报,13(4):16-26.

高振中,彭德堂. 2006. 鄂尔多斯盆地南缘铁瓦殿剖面发现大规模重力流沉积[J]. 石油天然气学报(江汉石油学院学报),28(4):18-24.

郭彤楼. 2016. 中国式页岩气关键地质问题与成藏富集主控因素[J]. 石油勘探与开发,43(3):317-326.

侯宇光,何生,易积正,等. 2012. 页岩孔隙结构对甲烷吸附能力的影响[J]. 石油勘探与开发,41(2):248-256.

江纳言,贾蓉芬,王子玉,等. 1994. 下扬子地区二叠纪古地理和地球化学环境[M]. 北京:石油工业出版社,66-82.

孔庆芬,张文正,李剑锋,等. 2007. 鄂尔多斯盆地西缘奥陶系烃源岩生烃能力评价[J]. 天然气工业,27(12):62-64.

李文厚. 2009. 鄂尔多斯西南缘下古生界地层与岩相古地理研究[Z]. 中石化华北分公司、西北大学,内部资料.

李玉喜,聂海宽,龙鹏宇. 2009. 我国富含有机质泥(页)岩发育特点与页岩气战略选区[J]. 天然气工业,29(12):115-120.

李玉喜,乔德武,姜文利,等. 2011. 页岩气含气量和页岩气地质评价综述[J]. 地质通报,32(2-3):308-317.

梁狄刚,郭彤楼,边立曾,等. 2009. 南方四套区域性海相烃源岩的沉积相及发育的控制因素[J]. 海相油气地质,14(2):1-19.

刘宝宪,闫小雄,白海峰,等. 2008. 鄂尔多斯盆地南缘中奥陶统平凉组成藏条件分析[J]. 天然气地球科学,19(5):657-661.

刘成鑫,高振中,纪友亮,等. 2005. 鄂尔多斯盆地西南缘奥陶系深水牵引流沉积[J]. 海洋地质与第四纪地质,25(2):31-36.

刘全有,金之钧,王毅,等. 2012. 鄂尔多斯盆地海相碳酸盐岩层系天然气成藏研究[J]. 岩石学报,28(3):847-858.

马文辛,刘树根,黄文明,等. 2012. 四川盆地周缘筇竹寺组泥页岩储层特征[J]. 成都理工大学学报(自然科学版), 39(2): 38-45.

马宗晋,高祥林. 2004. 大陆构造、大洋构造和地球构造研究构想[J]. 地学前缘, 11(3): 9-14.

孟庆涛,刘招君,胡菲,等. 2013. 桦甸盆地始新统油页岩稀土元素地球化学特征及其地质意义[J]. 吉林大学学报(地球科学版), 43(2): 390-399.

倪春华,周小进,王果寿,等. 2010. 鄂尔多斯盆地南部平凉组烃源岩特征及其成烃演化分析[J]. 石油实验地质, 32(6): 572-577.

聂海宽,张金川,包书景,等. 2012. 四川盆地及其周缘上奥陶统—下志留统页岩气聚集条件[J]. 石油与天然气地质, 33(3): 335-345.

孙玮,刘树根,冉波,等. 2012. 四川盆地及周缘地区牛蹄塘组页岩气概况及前景评价[J]. 成都理工大学学报(自然科学版), 39(2): 170-175.

汤锡元,郭忠铭,陈荷立,等. 1992. 陕甘宁盆地西缘逆冲推覆构造及油气勘探[M]. 西安:西北大学出版社.

王传刚,王毅,许化政,等. 2009. 论鄂尔多斯盆地下古生界烃源岩的成藏演化特征[J]. 石油学报, 30(1): 38-45.

王飞宇,贺志勇,孟晓辉,等. 2011. 页岩气赋存形式和初始原地气量(OGIP)预测技术[J]. 天然气地球科学, 22(3): 501-509.

王鸿祯. 1999. 关于国际(年代)地层表与中国地层区划[J]. 现代地质, 13(2): 190-193

王社教,李登华,李建忠,等. 2011. 鄂尔多斯盆地页岩气勘探潜力分析[J]. 天然气工业, 31(12): 40-46.

王涛,徐鸣洁,王良书,等. 2007. 鄂尔多斯及邻区航磁异常特征及其大地构造意义[J]. 地球物理学报, 50(1): 163-170.

杨俊杰. 1993. 陕甘宁盆地及其周缘地区结晶基底及深部地质研究[Z]. 长庆油田,内部资料.

杨俊杰. 2002. 鄂尔多斯盆地构造演化与油气分布规律[M]. 北京:石油工业出版社.

于炳松. 2012. 页岩气储层的特殊性及其评价思路和内容[J]. 地学前缘, 19(3): 252-258.

袁卫国. 1995. 鄂尔多斯盆地南缘中奥陶统火山凝灰岩的研究与意义[J]. 石油实验地质, 17(2): 167-170.

岳来群,康永尚,陈清礼,等. 2013. 贵州地区下寒武统牛蹄塘组页岩气潜力分析[J]. 新疆石油地质, 34(2): 123-128.

张大伟,李玉喜,张金川,等. 2012. 全国页岩气资源潜力调查评价[M]. 北京:地质出版社.

张国伟,张本仁,袁学诚,等. 2001. 秦岭造山带与大陆动力学[M]. 北京:科学出版社.

张吉森. 1995. 陕甘宁盆地气区地质构造及勘探目标选择[Z]. 长庆油田,内部资料.

张金川,聂海宽,徐波,等. 2008. 四川盆地页岩气成藏地质条件[J]. 天然气工业, 28(2): 151-156.

张军. 2005. 鄂尔多斯盆地主要构造界面演化与油气成藏关系研究[Z]. 长庆油田,内部资料.

张元动,陈旭. 2008. 奥陶纪笔石动物的多样性演变与环境背景[J]. 中国科学D辑(地球科学), 38(1): 10-21.

赵澄林,朱筱敏. 2001. 沉积岩石学[M]. 北京:石油工业出版社.

赵重远,周立发. 2000. 成盆期后改造与中国含油气盆地地质特征[J]. 石油与天然气地质, 21(1): 7-10.

周立发. 1992. 阿拉善地块南缘早古生代大地构造特征和演化[J]. 西北大学学报(自然科学版), 22(1): 107-115.

周立发. 2009. 鄂尔多斯西南缘区域构造演化与特征研究[Z]. 中石化华北分公司、西北大学,内部资料.

周文,雍自权,邓昆,等. 2014. 中上扬子重点区海相页岩气保存条件及资源潜力评价[J]. 中国地质调查局地质调查项目,内部资料.

朱建辉,吕剑虹,缪九军,等. 2011. 鄂尔多斯西南缘下古生界烃源岩生烃潜力评价[J]. 石油实验地质, 33(6): 662-670.

邹才能,董大忠,王社教,等. 2010. 中国页岩气形成机理、地质特征及资源潜力[J]. 石油勘探与开发, 37(6): 641-653.

邹才能,朱如凯,白斌,等. 2011. 中国油气储层中纳米孔首次发现及其科学价值[J]. 岩石学报, 27(6): 1857-1864.

左智峰,李荣西. 2008. 鄂尔多斯盆地南缘古坳陷奥陶系烃源岩与天然气勘探潜力研究[J]. 中国地质, 35(2):

279—285.

Allen P A, Allen J R. 1990. Basin analysis: principles and application[M]. Oxford: Blackwell Scientific Press.

Bhatia M R. 1991. Plate tectonics and geochemical composition of sandstones[J]. Journal of Geology, 91: 611—629.

Curtis M E, Sondergeld C H, Ambrose R J, et al. 2012. Microstructural investigation of gas shales in two and three dimensions using nanometer-scale resolution imaging[J]. AAPG Bulletin, 96(4): 665—677.

Delle Piane C, Almqvist B S G, MacRae C M, et al. 2015. Texture and diagenesis of Ordovician shale from the Canning Basin, Western Australia: implications for elastic anisotropy and geomechanical properties[J]. Marine and Petroleum Geology, 59: 56—71.

Dewhurst D N, Jones R M, Raven M D. 2002. Microstructural and petrophysical characterization of Muderong Shale: application to top seal risking[J]. Petroleum Geoscience, 8(4): 371—383.

Ding W, Zhu D, Cai J, et al. 2013. Analysis of the developmental characteristics and major regulating factors of fractures in marine-continental transitional shale-gas reservoirs: a case study of the Carboniferous-Permian strata in the southeastern Ordos Basin, central China[J]. Marine and Petroleum Geology, 45: 121—133.

Gross D, Sachsenhofer R F, Bechtel A, et al. 2015. Organic geochemistry of Mississippian shales (Bowland Shale Formation) in central Britain: implications for depositional environment, source rock and gas shale potential[J]. Marine and Petroleum Geology, 59: 1—21.

Kennedy M, Droser M, Mayer L M, et al. 2006. Late Precambrian oxygenation: inception of the clay mineral factory [J]. Science, 311(5766): 1446—1449.

Loucks R G, Reed R M, Ruppel S C, et al. 2009. Morphology, genesis, and distribution of nanometer-scale pores in siliceous mudstones of the Mississippian Barnett Shale[J]. Journal of sedimentary research, 79(12): 848—861.

Loucks R G, Reed R M, Ruppel S C, et al. 2012. Spectrum of pore types and networks in mudrocks and a descriptive classification for matrix-related mudrock pores[J]. AAPG Bulletin, 96(6): 1071—1098.

Martineau D F. 2007. History of the Newark East field and the Barnett Shale as a gas reservoir[J]. AAPG Bulletin, 91(4): 399—403.

Montgomery S L, Jarvie D M, Bowker K A, et al. 2005. Mississippian Barnett Shale, Fort Worth basin, north-central Texas: gas-shale play with multi-trillion cubic foot potential[J]. AAPG Bulletin, 89(2): 155—175.

Nelson P H. 2009. Pore-throat sizes in sandstones, tight sandstones, and shales[J]. AAPG Bulletin, 93(3): 329—340.

Roger M S, Neal RO. 2011. Pore types in the Barnett and Woodford gas shales: contribution to understanding gas storage and migration pathways in fine-grained rocks[J]. AAPG Bulletin, 95(12): 2017—2030.

Ross D J K, Bustin R M. 2008. Characterizing the shale gas resource potential of Devonian-Mississippian strata in the Western Canada sedimentary basin: Application of an integrated formation evaluation[J]. AAPG Bulletin, 92(1): 87—125.

Ross D J K, Bustin R M. 2009. The importance of shale composition and pore structure upon gas storage potential of shale gas reservoirs[J]. Marine and Petroleum Geology, 26(6): 916—927.

Slatt M R, Brien R O. 2011. Pore types in the Barnett and Woodford gas shales: Contribution to understanding gas storage and migration pathways in fine-grained rocks[J]. AAPG Bulletin, 95(12): 2017—2030.

索 引

保存条件　86
比表面　76
笔石　24
沉积相　28
地层厚度　20
构造背景　21
构造单元　10
古构造格局　20
含气性　80
含气页岩分布　52
航磁异常　12
惠探1井　15
拉什仲组　15
埋藏史　65
凝灰岩　19

平凉组　1
微-纳米孔隙　72
乌拉力克组　15
五峰-龙马溪组　82
岩矿特征　68
岩相古地理　37
页岩储层　68
页岩气　1
页岩气富集条件　40
有机质成熟度　65
有机质丰度　57
有机质类型　57
有利区优选　88
元素地球化学　21